环境生态工程概论

段学军　晁聪　◆主　编

郑州大学出版社

图书在版编目(CIP)数据

环境生态工程概论 / 段学军,晁聪主编. -- 郑州:郑州大学出版社,2024.7
ISBN 978-7-5773-0265-2

Ⅰ.①环… Ⅱ.①段…②晁… Ⅲ.①环境生态学-生态工程-高等学校-教材 Ⅳ.①X171

中国国家版本馆CIP数据核字(2024)第064853号

环境生态工程概论
HUANJING SHENGTAI GONGCHENG GAILUN

策划编辑	袁翠红	封面设计	王 微
责任编辑	王红燕	版式设计	王 微
责任校对	樊建伟	责任监制	李瑞卿
出版发行	郑州大学出版社	地 址	郑州市大学路40号(450052)
出 版 人	孙保营	网 址	http://www.zzup.cn
经 销	全国新华书店	发行电话	0371-66966070
印 刷	郑州宁昌印务有限公司		
开 本	710 mm×1 010 mm 1/16		
印 张	10	字 数	160千字
版 次	2024年7月第1版	印 次	2024年7月第1次印刷
书 号	ISBN 978-7-5773-0265-2	定 价	49.00元

本书如有印装质量问题,请与本社联系调换。

作者名单

主　编　段学军　晁　聪

副主编　李玉坤

编　委　(按姓氏笔画排序)

　　　　李玉坤　段学军

　　　　晁　聪

前 言

21世纪,我们不仅仅继承了一个科技飞速发展、文明高度繁荣的世界,更面对着一个环境日益恶化、生态危机四伏的地球。在这样的背景下,环境生态工程作为一门交叉学科应运而生,它汇集了生态学、环境科学、工程学等多学科的知识和方法,致力于解决人类活动与自然环境之间的冲突,寻求人与自然的和谐共生。

《环境生态工程概论》正是一本系统地介绍环境生态工程理念、原理与实践的教材。它不仅仅是一本教科书,更是一部引导我们重新审视人与自然关系、思考未来发展道路的指南。

本书第1章绪论,阐述了环境生态工程的概念、内涵及其诞生的背景,为我们打开了一扇通向新世界的大门。以后各章深入探讨了环境生态工程的基础理论,包括生物与环境的关系、生态系统的服务功能以及环境生态工程学的原理,为我们构建了坚实的知识基础。

湿地生态系统、城市生态系统、农业生态系统,这些章节不仅仅是对不同类型生态系统的描述和分析,更是对我们生活环境的深刻反思。它们让我们认识到,无论是广袤的湿地、繁华的都市,还是沃野千里的农田,都是自然生态系统不可或缺的一部分,都值得我们用心去呵护。

本书的最后对可持续发展与环境生态工程技术进行了阐释。在这里,我们看到了人类对于未来的希冀和努力:可持续发展技术、清洁生产技术以及产品生命周期评价。这些都是我们为实现可持续发展、建设美好家园而掌握的重要工具。

《环境生态工程概论》不仅适合作为高等院校环境科学、生态学、环境工程等专业的教材,也适合所有关心地球未来、愿意为环境保护贡献力量的读者阅读。让我们携手,用知识和行动,共同守护这个美丽的蓝色星球。

编者

2024 年春于郑州

目 录

| 第1章 | 绪论 | 1 |

1.1 环境生态工程的概念与内涵 ... 1
1.2 环境生态工程诞生的背景 ... 4
1.3 环境生态工程的发展历史与现状 ... 7

第2章 环境生态工程基础 ... 10

2.1 生物与环境的关系 ... 10
2.2 生态系统服务功能 ... 22
2.3 环境生态工程学原理 ... 31

第3章 湿地生态系统 ... 45

3.1 湿地生态系统的定义 ... 45
3.2 湿地生态系统的功能 ... 52
3.3 我国湿地生态系统存在的主要问题 ... 58
3.4 湿地生态系统的退化与恢复 ... 64
3.5 人工湿地生态系统 ... 72

第4章 城市生态系统 ... 88

4.1 城市生态系统的定义 ... 88
4.2 城市生态系统理论及其研究现状 ... 89
4.3 城市生态系统的特征 ... 95
4.4 城市生态系统的可持续发展 ... 107

第5章 农业生态系统 ... 117

5.1 农业生态工程的发展历史及现状 ... 117

5.2　农业生态工程基本原理与设计思路 …………………………… 122

　　5.3　生态原理 ……………………………………………………… 127

　　5.4　经济原理 ……………………………………………………… 129

　　5.5　工程原理 ……………………………………………………… 131

　　5.6　农业生态工程设计思路 ………………………………………… 133

第6章　可持续发展与环境生态工程技术 …………………………… 137

　　6.1　可持续发展和清洁生产技术 …………………………………… 138

　　6.2　产品生命周期评价 ……………………………………………… 142

参考文献 ………………………………………………………………… 145

第1章 绪 论

随着科技的飞速发展和社会的不断进步,各国之间的政治、经济、文化、教育等多方面联系日益紧密,形成了一个错综复杂的交互网络。在此背景下,环境问题如气候异常、生物多样性锐减、海水污染等日益凸显,并呈现出显著的全球性特征。这些问题已不再局限于某个国家或地区,而是成为全球性的挑战。保护环境、推动人类社会的可持续发展,这不仅是各国的共同责任,更是全球性的使命。

自20世纪中叶以来,"人类命运共同体"的概念最早由中国提出,并逐渐得到了全球的共识。这一理念强调了人类共同体的命运与利益,呼吁各国摒弃零和博弈的思想,加强国际合作,共同应对全球性环境问题。在此背景下,各国开始积极行动起来,加强国际合作,共同应对全球性环境问题。他们不断完善全球环境治理机制,推动全球绿色发展。这不仅有助于解决当前存在的环境问题,也有利于为子孙后代创造一个更加美好的未来。通过国际合作和共同努力,各国有望实现环境保护和可持续发展的目标。

1.1 环境生态工程的概念与内涵

1.1.1 环境生态工程的定义

环境生态工程是以生态系统为基础,以资源多层次利用、环境可持续发展为目的,将生态系统中物质循环原理与系统工程的最优化方法设计的分层多级利用物质的生产工艺系统相结合的一门综合性技术科学。

环境生态工程综合性较强,学科交叉广泛,以生态学、环境科学、土木工程、机械工程等多学科为基础,运用系统工程的方法,在环境污染防治、生态保护和恢复等领域进行研究和设计。任何一项环境生态工程项目的实施,既需要对当地生态系统的调查、评价、设计、建设、管理和维护等生态工程技术,也需要对环境污染物的监测、评价、控制和治理等环境工程技术,最终采取生态工程手段来实现对环境的保护和改善。可以说,任何涉及环境保护和改善的工程项目都可以称为环境生态工程。例如:水污染治理工程、大气污染治理工程、固体废弃物处理与资源化利用工程等。

1.1.2 环境生态工程与生态工程、环境工程及生物工程的区别

环境生态工程与生态工程、环境工程和生物工程都是涉及环境保护的学科,但它们的研究方向和内容不同。

(1) 环境生态工程和生态工程都是以生态系统为基础,但环境生态工程更加注重对环境污染的治理和修复。

生态工程是指应用生态系统中物质循环原理,结合系统工程的最优化方法设计的分层多级利用物质的生产工艺系统,其目的是将生物群落内不同物种共生、物质与能量多级利用、环境自净和物质循环再生等原理与系统工程的优化方法相结合,达到资源多层次利用、环境可持续发展。环境生态工程则是将生态系统中物质循环原理与系统工程的最优化方法设计的分层多级利用物质的生产工艺系统相结合,以达到资源多层次利用、环境可持续发展的目的。

环境生态工程和生态工程都是以生态系统为研究基础,学科交叉研究的现象在生态系统修复、生物多样性保护、环境污染治理、资源利用与可持续发展等方面广泛存在。例如,环境生态工程中的"生态系统修复"和生态工程中的"生态系统管理"都是将生态系统中物质循环原理与系统工程的最优化方法设计的分层多级利用物质的生产工艺系统相结合,以达到资源多层次利用、环境可持续发展的目的。又如,环境生态工程中的"生物多样性保护"和生态工程中的"生物多样性维护"都是指在工程的设计和实施过程

中,应该尽可能地保护和维持生物多样性,以确保生态系统的稳定和健康。

(2)环境生态工程和环境工程都是以环境污染的治理和修复为目的,但环境生态工程更加注重对生态系统的保护和恢复。

环境工程主要研究如何保护和合理利用自然资源,利用科学的手段解决日益严重的环境问题、改善环境质量、促进人与自然和谐发展。而环境生态工程则是在环境工程的基础上,结合了生态系统中物质循环原理,应用系统工程的最优化方法设计的分层多级利用物质的生产工艺系统,其目的是将生物群落内不同物种共生、物质与能量多级利用、环境自净和物质循环再生等原理与系统工程的优化方法相结合,达到资源多层次利用、环境可持续发展。

以富营养化水体的治理为例,环境工程更倾向于采用投加吸附剂、催化剂的方式直接治理,对于点源污染见效快,但是不可避免引入一些其他污染,比如过量药剂、污染的底泥等。有时投加药剂量不合适,还会改变水体性能。环境生态工程则会采用更加温和的方式,利用植物吸附有害物质等方法,如在水中种植凤眼蓝可以富集水中的氮、磷、钾、钙等多种元素,定时收割即可达到去除效果。由此可见,在能耗方面环境生态工程更倾向于使用太阳能,能耗较低。

(3)环境生态工程和生物工程在环境污染的防治、实现废弃物资源化方面学科交叉显著。

生物工程是一门综合性较强的学科,它主要利用生物学原理和方法,对微生物、植物、动物等生物体进行改造和利用。环境生态工程主要研究人类活动对自然环境造成的各种影响,如水土流失、沙漠化、空气污染等,以及如何保护和合理利用自然资源。两门学科之间有交叉研究。例如,在环境污染治理方面,生物工程可以通过基因工程技术、细胞培养技术、酶工程技术等手段,对微生物进行改造,使其具有高效降解有机物的能力,从而达到净化水体、大气、土壤的目的;在生态修复方面,植物育种和繁殖、动物放养等生物工程技术对生态系统的恢复重建有积极作用。

1.2 环境生态工程诞生的背景

全球经济社会快速发展，人类对生态系统的干预和侵占日益增加，自然环境面临巨大压力，表现为耕地面积锐减、水资源短缺、土地沙化、草场退化、生物多样性受到威胁。目前地球上约60%的湿地、森林、草原、河流和海岸等自然生态系统正在退化或处于不可持续利用状态。

1.2.1 不可逆转的环境变化

早在1874年，地理学家乔治·帕金斯·马什就在《人类活动对地球的影响》一书中明确地将人类的命运与自然环境的质量联系在一起。马什审视了当时开始出现的人类活动给生态环境带来的影响，比如森林砍伐、环境污染和气候变化等问题。警告人们不要滥用资源，并且较早且较为深刻地解释了环境问题的成因。这本书也被认为是地理学科和环境学科的经典著作，对于我们今天理解和解决环境问题，实现人与自然的和谐共生，仍具有很强的启示意义。

20世纪初以来，全球范围内的科技进步和经济发展带来了一系列的生态系统问题，这些问题进一步威胁着地球的生态系统。学者们认为，人类已经基本上带来了一个新的地质时代，即"人类世"，这个拥有属性是不可逆转的，是人类引起的全球变化。随着人口不断增长，气候变化日益严重，环境污染日益加剧，能源消耗过度，由此导致了生物多样性的丧失、森林砍伐、海洋污染以及土地沙漠化等一系列环境问题。此外，矿产资源的过度采挖、农业用地的过度利用、高寒脆弱生态系统的严重破坏、极地生态系统资源的过度开发、干旱半干旱草地生态系统的超载放牧以及热带雨林的大面积毁坏等生产和开发活动，也进一步加剧了生态系统的压力。

联合国环境规划署（UNEP）的2022年度报告指出——2022年，全球在应对气候变化和保护环境方面取得了里程碑式的进展。在联合国环境大会（united nations environment assembly）上，成员国通过了一项具有里程碑意义的决议,该决议强调了需要加强努力以遏制污染、缓解和适应气候变化,并保护和恢复世界各地的自然环境。在生物多样性方面,联合国《生物多样性公约》(CBD)缔约方大会第十五次会议(第二部分)在加拿大蒙特利尔通过了《昆明-蒙特利尔全球生物多样性框架》,为在2030年前保护和恢复生物多样性提供了强有力的指导。对于气候变化应对方面,根据联合国环境规划署(UNEP)发布的《2022排放差距报告》,全球温室气体排放初步估计为528亿吨二氧化碳当量。尽管温室气体排放的增长速度在过去十年有所放缓,但过去十年的温室气体的排放量是有史以来最高的。

根据全球多个海洋研究机构和相关机构的测量结果显示,全球海平面从1900年起至今已经上升了约20 cm,这只是全球温度升高导致全球气候变化的案例之一。冰川消融、极端天气增多、海岸地区的洪水、风暴潮灾害加剧等异常现象,也都与温室气体的过量排放有关。二氧化碳、甲烷、氧化亚氮、氯氟碳化合物等温室气体,随着大量化石燃料的燃烧进入大气环流,进而引发全球气候变暖。这些温室气体中二氧化碳是最主要的温室气体,约占排放总量的三分之二。尽管甲烷排放量相对较少,但其温室效应比二氧化碳高出很多,仍对气候变化做出了重要贡献。氧化亚氮主要来自化肥和燃烧过程,它对大气的温室效应比二氧化碳低,但其生命周期长,对气候变化的长期影响也不可忽视。总的来说,尽管我们在某些领域取得了进展,但全球环境问题仍然面临挑战。未来需要更多的合作和努力来应对气候变化和保护自然环境。

1.2.2 人与自然关系的思考

在中国的传统文化中,人与自然的关系被视为不可分割的一部分。道家思想中的"天人合一"观念,强调人类应该尊重自然、顺应自然、保护自然。儒家思想中的"格物致知"观念,强调人类应该研究自然、利用自然、改造自然。作为先秦的一部重要典籍,《吕氏春秋》的政治思想、哲学思想以及它所保留的科学文化方面的历史资料十分丰富。《吕氏春秋》的作者认为天与地是人的活动环境,自然环境与社会环境是关系密切的,是人类活动的社会环境的前提和基础，人的活动应与天地这种大自然的活动的性质和规律相适应。书中提到了"三才"理论，即"天时、地利、人和"，是对农业生产的重要启示，同样可用于环境生态修复中物种的选择与种植方面。又如明代徐光启的《农政全书》，是对农业生产和管理的系统性论述，与环境生态工程中强调的"社会效益、经济效益、景观效益"相协调有异曲同工之效。此外，书中还有很多关于水利、林业等方面的论述，这些论述都体现了古代中国人民对生态环境的关注和保护，与今天的可持续发展思想是一致的。

20世纪70年代，在改革开放的大背景下，中国提出了"经济建设与环境保护协调发展"的战略，旨在解决经济发展与环境保护之间的矛盾，促进经济社会的可持续发展。这一战略要求我们充分考虑到人民群众的需求，保障人民群众的环境权益，使人们在享受经济发展成果的同时，享有良好的生态环境。坚持可持续发展，把预防为主、综合治理作为基本原则，既要防止环境污染和生态破坏，又要积极治理已有的环境污染和生态破坏问题。加大科技创新力度，发展绿色产业，推广绿色生产方式和生活方式，提高资源利用效率，降低能源消耗和污染排放强度，实现经济发展向绿色、低碳、循环、可持续方向转变。坚持国际合作，加强与其他国家和国际组织在环境保护领域的交流与合作，共同制定和实施环境保护政策和措施，推动全球环境治理体系的完善和发展。

中国在进入21世纪后，开始重视生态环境治理和保护，采取了一系列政策措施。如：加大对自然保护区、湿地、森林等生态系统的保护和修复力度，通过实施退耕还林、退耕还草、天然林保护、防护林建设等工程，提高了生态系统的稳定性和质量。加强对企业排污、交通污染、城市噪声等方面的监管和执法力度，严格查处违法排污行为，并加大对超标排放的处罚力度，以确保环境质量的不断提高。加大对环境保护的教育和宣传工作，通过举办环保活动、开设环保课程、推广环保意识等方式，提高公众的环境意识和参与度，促进全社会共同关注和推动环境保护事业的发展。这些政策措施的实施，使得中国的生态环境治理和保护工作取得了显著的成效。例如，中国的空气质量逐步改善，一些城市的$PM_{2.5}$浓度已经达到世界卫生组织的标准；同时，水体污染问题也得到了有效控制，许多河流和水库的水质已经达到了二类或三类的标准。此外,中国的生态系统也在不断得到恢复和保护,生物多样性逐渐增加,生态安全屏障体系不断完善。

党的十八大以来,我国生态文明领域发生历史性变革。党的十八大把生态文明建设纳入"五位一体"总体布局,提出建设美丽中国的目标,并分别部署生态文明体制改革、生态文明法律制度、绿色发展的目标任务。党的十九大把"污染防治攻坚战"列为决胜全面建成小康社会的三大攻坚战之一。贯彻落实党中央决策部署,各地各部门通过一系列切实举措,助力打好污染防治攻坚战。全面整治散乱污企业及集群,加快淘汰落后产能;城市污水管网建设快速推进,不断提升污水处理能力;清洁取暖改造减少散煤污染,可再生能源快速发展……我国生态环境质量明显改善,曾被雾霾笼罩的天空逐渐被擦亮。2022年,全国地级及以上城市空气质量优良天数比例达86.5%,重污染天数比例首次降到1%以内。

1.3 环境生态工程的发展历史与现状

1.3.1 环境生态工程的发展历史

环境生态工程的发展历史是一部人类对环境保护意识的演变史,也是人类不断追求与自然和谐相处的历史。

环境生态工程的发展历史可以追溯到20世纪50年代,人们开始意识到环境污染对人类健康和生态系统的影响。在这个时期,毛泽东同志提出"一定要把淮河修好",开启了新中国初期大规模治淮工程。到1951年7月下旬,第一期工程全部完工,这期工程共完成了蓄洪、复堤、疏浚、沟洫等土方工程约19 500万立方米(其中沟洫工程土约1亿立方米)。治淮一期工程的竣工,保证了1951年淮河流域的丰收。

在改革开放和社会主义现代化建设新时期,我国生态环境保护事业开始发展壮大,采取了各种措施来保护和改善环境。1973年8月,国务院召开第一次全国环境保护会议,将生态环境保护提上国家重要议事日程,确定了

"全面规划,合理布局,综合利用,化害为利,依靠群众,大家动手,保护环境,造福人民"的环境保护32字工作方针。

在21世纪初,环境生态工程进入了一个新的发展阶段。这时,人们开始关注全球气候变化和能源问题,并开始探索一些新的生态保护技术。例如,党的十八大以来,我国提出了一系列环保政策,包括推进生态文明建设、加强环境监测和治理、促进绿色低碳发展等。

1.3.2 环境生态工程的发展现状

环境生态工程的发展现状呈现出向更广领域、更深层次、更高目标发展的趋势,未来有着巨大的发展潜力。

环境生态工程的应用领域不断扩大。近年来,环境生态工程的应用领域已经从传统的污染治理扩展到生态修复、清洁能源、资源回收等多个领域,而且其应用范围仍在不断扩大。例如,在生态修复方面,环境生态工程技术的应用包括土壤修复、水体修复、生态修复等多个方面,对于改善生态环境起到了积极作用。

环境生态工程的技术水平不断提高。随着环境生态工程的发展,其理论和技术水平不断提高,出现了很多新的理论和技术。例如,在污染治理方面,过去主要集中在污染源的末端治理上,而现在则更加注重从源头进行治理,通过改善生产工艺、优化能源结构等方式来减少污染的产生。又如在清洁能源方面,太阳能、风能、地热能等可再生能源的应用越来越广泛,而传统的化石能源的利用方式也在不断改进。

环境生态工程的政策支持不断加强。近年来,各国政府对环境保护的重视程度不断提高,相应的政策支持也在不断加强。例如,中国政府提出了"美丽中国"战略,推动绿色低碳发展,促进生态文明建设,为环境生态工程的发展提供了更加广阔的空间和机遇。

思考题

1. 环境生态工程与环境工程的区别与联系是什么？
2. 全球生态系统退化的原因有哪些？
3. 简述我国环境生态工程发展历程。

第 2 章 环境生态工程基础

2.1 生物与环境的关系

2.1.1 生态因子的分类

环境的生态因子包括气候、土壤、水、光照、温度、湿度、风等环境因素，这些生态因子对生物的作用是多方面的，或影响生物的生长、发育、繁殖和行为；或影响生物生育力和死亡率，引起种群数量的改变；或影响生物的分布和扩散，导致生物的分布呈现地带性规律。

2.1.1.1 光的生态作用

光照强度、光质和光周期是光因子常用的三个重要参数，它们对生物的生态作用有着重要的影响。一般来说，光照强度影响生物的生长发育和形态建成，光质影响生物的生态分化与生命活动，光周期影响植物的生理生态过程及生命节律。

光照强度是指单位面积上的光源照射到物体上的光能量，它直接影响到植物的光合作用和生长速度。对植物而言，光照强度的影响取决于主要植物的光补偿点(compensation point)和光饱和点(saturation point)。光补偿点是指光合作用等于呼吸作用时的光照强度，只有达到光补偿点植物才能积累生物量。光饱和点是指达到有效辐射时的光照强度，其后植物的光合作用并不随光照强度的增加而增加。

光质是指光线中所含的颜色成分，不同颜色的光线对于生物的影响也不同。影响植物光合作用的主要是可见光(380~760 mm),光合有效辐射一般为红橙光和蓝紫光,绿光是生物无效辐射;不可见光(<380 nm 或 >760 nm)如紫外光则可以杀菌灭害,还可以使高山植物呈现矮化、多毛且花色鲜艳等生态分化。

光周期主要包括日周期和年周期,日周期就是一天 24 h 内的光照节律变化,年周期就是一年 12 个月内的光照节律变化。植物的出苗长、结实及动物的睡眠、生殖和发育等生理活动一般都随光周期发生节律性变化。

2.1.1.2 温度的生态作用

生物几乎任何生命活动都有蛋白酶的参与,而每一种酶促反应都有其最低温度、最高温度和最适温度,与之对应的便是植物生长需要温度"三基点",即最低、最高和最适温度(图 2-1)。生物体内的生化过程必须在一定的温度范围内才能正常进行,温度过低或过高会引起蛋白质发生不可逆的变性,使参与生命活动的蛋白酶失活。因此,生物的生长、发育、分布等均受到温度不同程度的影响。

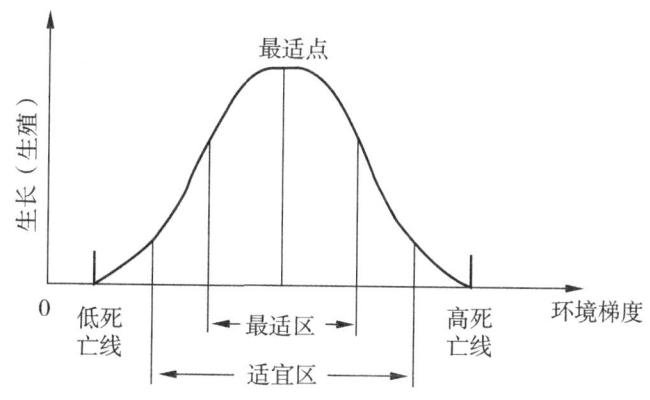

图 2-1 植物生长对温度的反应"三基点"示意图

例如,不同品种的茶树对温度的适应性不同,茶树的生物学最低温度一般为 10 ℃,但有些早芽种,如龙井 43、江西婺源早芽等品种只需 6 ℃ 就可生长;而迟芽种则必须高于 10 ℃ 才会开始生长。又如"南橘北枳"是温度影响生物发育的一个经典例子,橘树在淮河以南的地区生长,其果实味甜,果皮芳香。然而,当橘树被移植到淮河以北的地区时,温度较低,其果实往往变得味苦,果皮也变得厚而粗糙。又如,由于高温限制,苹果和某些品种的梨不能在热带地区栽培;受低温限制,橡胶树、可可、椰子、香蕉等也只能在热带种植。

树木的年轮也是植物生长受温度影响的又一例证。在春夏季,由于温度较高,细胞分裂较快,细胞体积较大,在树干上形成颜色较浅的带。而在秋冬季,由于温度较低,细胞分裂较慢,细胞体积较小,在树干上形成颜色较深的带。这样,每年生成一圈又一圈深浅相间的环,称为年轮。年轮的宽度和密度与当年的降雨量和温度直接相关。因此,通过研究树木年轮的宽度和密度,科学家可以了解历史气候变化的情况。这有助于我们预测未来的气候趋势,从而更好地规划和保护生态环境。

Reaumur 通过研究变温动物生长发育过程,总结出来温度与生长发育的关系,即"有效积温法则"。该法则是指在生物生长发育过程中,必须从环境中摄取一定的热量才能完成某一阶段的发育,而且某一种特定生物类别各个发育阶段所需热量是一个常数,该常数就是总有效积温。总有效积温对植物引种、作物生产等具有极其重要的生物学意义,其计算公式为:

$$K = N(T - T_0)$$

式中　K——某生物所需有效积温,是个常数;

　　　T——当地该时期的平均温度,℃;

　　　T_0——该生物生长活动所需最低临界温度(生物学零度),℃;

　　　N——发育时间,d。

此外,温度变化也是影响生物生长发育的重要因素,变温现象有利于植物的生长和干物质积累。一般而言,在大陆性气候条件下,昼夜温差达 10~15 ℃时对植物生长最为适宜。例如我国地处内陆、距离海洋较远的新疆地区,昼夜温差大,有"早穿皮袄午穿纱,围着火炉吃西瓜"之说。白天太阳辐射强烈,气温较高,光合作用旺盛,植物能够制造大量的有机物质;夜晚气温骤然降低,昼夜温差大,使得植物在夜晚呼吸作用减弱,消耗的有机物质减少,从而使得植物积累的有机物质更多。因此,新疆的水果具有浓郁的果香和香甜的味道,口感鲜美且营养丰富,就是这个原因造成的。

生物的季节性节律变化与温度变化十分密切,动物的休眠、繁殖、迁移及植物的生长、开花、结实、枯黄等都与温度因子相关。在农业生产活动中,作物的季节性耕种、牧场的季节性利用等都以温度因子的节律变化为主要依据。例如二十四节气的确立就与温度的变化有密切关系。在中国大部分地区,温度在二十四节气的不同阶段会有明显的升降变化,这反映了气候系统的变化。例如,在春季,随着气温逐渐升高,天气逐渐变暖,适合进行农耕和播种等活动;在秋季,随着气温逐渐降低,天气逐渐变凉,适合进行收获和储存等活动。

2.1.1.3 水的生态作用

水是生物体的重要组分,生物体内含水量一般在 60%~80% 以上。生物的一切生化代谢活动都必须以水为介质,如营养运输、废物排除、激素传递及其他生化过程等都通过水介质来实现。物质交换必须以水为溶剂,在溶解状态下完成与环境之间的交换。水的热容量大,为生物创造相对稳定的生活环境。水是植物光合作用的原料,水对陆生植物热量调节和热能代谢具有重要意义。

水分对植物的生长发育至关重要,而且对于不同的植物,所需的水量也会有所不同。植物的生长发育需要的水分,一般可以分为三个基点,即最高、最低和最适宜水分。最高水分是指在植物生长发育过程中,如果超过某一阈值,植物就会出现不良的反应。比如,水稻在孕穗期如果水分过多,就会影响其正常发育,甚至导致稻瘟病等病害。最低水分是指植物在生长发育过程中,至少需要的水分,如果低于这个阈值,植物就会因为缺水而停止生长发育,甚至出现死亡的情况。比如,棉花在播种前如果底墒水不足,就会影响其正常发芽和生长。最适水分是指植物在生长发育过程中最为适宜的水分。在这个水分范围内,植物的生长发育最为良好。比如,小麦在拔节期到孕穗期这个阶段,需要的水分就是最适水分,此时小麦的生长发育最为健康。对于农业生产而言,了解和掌握植物所需的最适水分是至关重要的。农民可以通过合理灌溉和使用土壤保水剂等手段来保证植物所需的水分处于最适范围内,从而促进植物的健康生长发育并提高产量。

2.1.1.4 土壤的生态作用

土壤是由生物有机体和无机环境相互作用形成的复杂生态系统。它的物理性质(质地、厚度、结构等)、化学性质(pH 值、矿物质、有机质)和生物性质(植物根系、土壤微生物、土壤小动物)直接或间接影响着植物的生长。作为植物萌发、生长、支撑和分解的地方,土壤也是水和营养物质的贮存场所。同时,它还是动物和微生物的栖息地和它们的排泄场所。因此,无论对于植物还是动物来说,土壤都作为岩石圈表面唯一能够生长植物、生存动物的疏松表层,是陆生生物生活的基质,是生态系统中物质和能量交换的重要场所;同时,土壤又是生态系统中生物部分与无机环境部分相互作用的产物。

土壤的结构决定了它的通气性和透水性,进而影响植物对空气和水分的需求。土壤中的水分有助于矿物质养分的分解、溶解和分化,同时也促进了有机物的分解与合成,增加了土壤养分含量,有利于植物吸收。此外,土壤的化学性质也对动植物的分布、生存、生长和发育产生重要影响。例如,土壤酸度会影响矿质盐分的溶解度,从而影响植物养分的有效性、微生物的活动、植物的生长及土壤动物的分布。而土壤中的有机质和矿质元素则是植物生长的主要养分来源,同时也是土壤微生物的重要养料和能源,它们对微生物的分布和生长发育也具有重要影响。

土壤盐碱化现象在我国西北、华北、东北等地区较为常见,其中以新疆、甘肃、内蒙古、河北等地最为严重。土壤盐碱化是指土壤中含盐量过高(超过 0.3%),导致农作物产量降低或无法生长。通常发生在地面蒸发强烈的干旱地区和地下水位高的地方,同时也与土地排水不畅和地下水中盐分在土壤表层积累有关。盐碱土所含盐类,最常见的是 $NaCl$、Na_2SO_4、Na_2CO_3 和其他可溶性钙盐与镁盐。其中,盐土 pH 值在 7 左右,所含盐类主要有 $NaCl$ 和 Na_2SO_4,土壤结构尚未破坏;碱土 pH 值在 8.5 以上,所含盐类主要有 Na_2CO_3、$NaHCO_3$ 或 K_2CO_3,土壤结构上层被破坏,通透性和耕种性变差。

焦裕禄在治理河南兰考的盐碱地时,鼓励当地农民种植泡桐。泡桐因为耐盐性而被广泛种植于盐碱地上,泡桐种子在发芽阶段具有一定的耐盐性,当盐渍度为 1% 时,其发芽率仍然高达 70%,而当盐渍度达到 1.6% ~

2.5%时才无法发芽。此外,泡桐种根及实生苗的耐盐性也在0.3%左右。泡桐的大面积种植不仅能改善土地质量,还因其优异的声学性能而成为制作古琴的理想材料。

2.1.1.5 大气的生态作用

大气是生物活动的介质和基质。大气为生物提供基本的生命元素——氧,同时还提供营养元素氮和碳。绿色植物通过光合作用吸收二氧化碳,释放氧气,供生物所需。大气中的氮素通过化学或生物过程被固定下来,为生物提供养分。但是,大气组分的失衡将影响其他环境因子的作用,从而对生物产生不利影响,如二氧化碳、甲烷等造成温室效应。

风是空气流动的表现,具有重要的生态作用。它的形成取决于温度及其引起的气压变化。地球表面风的分布规律,取决于地面太阳热能分布不均而引起的气压分布不均,加之地球自西向东的转动,使地球表面存在有规律的风带和气压带。

风对动物的影响主要表现在地理分布上。风是动物进行物种传播的重要因素,许多动物都是借助风而进行迁徙的。例如,有些动物可以利用风行走,如军舰鸟、信天翁、风雨鸟,它们在海上滑翔依靠上升气流的作用,因此这类动物主要分布在多风区和大海上。鲸鱼在海洋中旅行时,可以利用海风来导航。它们会通过感受海风的方向和强度,来判断自己的位置和目的地。

风可以加速动物水分的蒸发和体表散热的速率。因此,栖居在开阔多风地区的鸟和兽类常有致密的外皮。例如,沙漠中的骆驼会在皮肤表面形成细小的沙粒结构,以增加体表对沙尘的抵抗能力,同时还能减少水分的蒸发。而在北极地区生活的北极熊则具有厚实的脂肪层和密集的绒毛,既能保暖又能防水。这些特殊的适应结构使得这些动物能够在极端环境下生存下来。

此外,风还有利于信息的传播,许多捕食者和猎物都善于利用风向。例如,在草原上繁殖的角马,并不沿着草原水平飞到附近的水源地去饮水,而是选择飞到高于草原 100~200 m 的地方去取用新鲜的空气。原因是早晨的微风会将水源的方向传到角马的栖息地。

2.1.2 生态因子的作用特点

2.1.2.1 综合性

在环境中,各个生态因子并非独立存在、互不关联,而是彼此相互联系、相互影响,共同构成了一个整体。任何一个因子的改变都会对其他因子产生连锁反应,进而影响整个生态系统的平衡和稳定。例如,当光照强度发生变化时,温度和湿度等其他因子也会随之发生相应的变化。这种相互影响和相互制约的关系在生态系统中扮演着至关重要的角色,对于维护生态平衡和生物多样性具有至关重要的作用。

2.1.2.2 主导性

生物的生长发育受到众多生态因子的影响,但这些因子并不是等价的。其中某一个生态因子对于生物的生长和发育有着决定性的作用,这个因子被称为主导因子。当主导因子发生改变时,其他生态因子也会随之发生变化,从而影响到生物的生长发育。例如,水分是植物生长的主要主导因子,根据水分的相对供应量的不同,植物可以被分为水生、中生和旱生等多种生态类型。

2.1.2.3 不可替代性和互补性

对生物起作用的诸多生态因子虽然非等价,但都很重要,不能由一个因子替代。但在一定条件下,某一因子数量不足时,可依靠相近生态因子的加强得以补偿,而获得相似的生态效应。例如当温度升高时,一些动物会通过增加饮水量和出汗来散热,以维持体温平衡。如果这些动物所处的环境中水分不足,它们还可以依靠其他物种的数量增加或活动范围扩大来获取更多的水源。同样地,当土壤中的营养元素缺乏时,植物可以通过吸收其他植物死亡后的残体和空气中的氮气来补充营养。这些都是因为生态因子之间存在着相互作用和影响,它们相互支持、相互制约,共同构成了一个复杂而又稳定的生态系统。

2.1.2.4 阶段性

生态因子对生物的作用受发育阶段和生理状态影响,在不同发育阶段,生物需要不同的生态因子或某一生态因子的不同强度。例如,植物在春化阶段需要进行低温处理来促进花芽的形成和分化,但当植物进入生长期后,低温会抑制其生长和发育。因此,在不同的发育阶段中,生态因子对生物的作用是有阶段性的。此外,不同种类和不同个体的生物对于同一生态因子的响应也可能存在差异,这取决于其遗传背景和生理适应性等因素。

除了发育阶段外,生物所处的环境和生态条件也会对其生态因子需求产生影响。例如,在干旱地区生活的植物可能需要更多的水分来维持其生命活动,而在水中生活的动物则需要更强的水流来帮助其移动和觅食。因此,生态因子在不同生态系统和不同地理环境中的作用也会有所不同。

2.1.2.5 限制性

任何一种生态因子只要接近或超过生物的耐受范围,就会阻止物种的生存、生长、繁殖或扩散。这个因子被称为该物种的限制因子。Liebig 在 1840 年提出"植物的生长取决于处最少量状况的营养元素",即利比希最小因子定律(Liebig's law of minimum)。这个理论也适用于其他生物种类或生态因子,即某种物种需要的最小量的任何特定因子是决定其生存和分布的根本因素。在此基础上,Shelford 于 1913 年提出了耐性定律(law of tolerance),即任何一个生态因子在数量或质量上的不足或过多,即当其接近或达到某种物种的耐受限度时会使该物种衰退或不能生存。每一个物种对每一种生态因子都有一个耐受范围,即有一个生态上的最高点和最低点(如温度三基点),这个范围称为生态幅(ecological amplitude)或生态价(ccological valence)。例如,对于水生动物来说,水的 pH 值、含氧量、温度等因素都会影响它们的生存和繁殖。如果这些因素超出了它们的耐受范围,就会对它们产生不利影响甚至导致死亡。同样地,对于陆生动物来说,食物供应、栖息地质量、气候等因素也会对其生存和繁殖产生影响。如果这些因素超过了它们的耐受范围,就会使它们难以找到足够的食物和安全的栖息地,从而影响到它们的生存和繁殖能力。

2.1.2.6 间接性与直接性

生态因子对生物的行为、生长、繁殖和分布有着直接或间接的影响。直接的生态因子包括光照、温度、水分、二氧化碳等,这些因子可以直接作用于生物体本身,从而对其产生影响。例如,二氧化碳浓度过高会导致植物气孔关闭,影响光合作用;较高的温度可以促进植物的光合作用和代谢活动,而较低的温度则会抑制其生长发育。

而间接影响生物的生态因子则是指那些不能直接作用于生物体本身,但可以通过其他生态因子来施加影响的因子。例如山体坡向、坡度和高度等因素,它们通过影响光照、温度、风速及土壤质地等直接或间接地影响着山地生物的生长、发育和繁殖等活动。以山体坡向为例,山坡朝向的不同会影响到太阳光线入射的角度和时间,进而影响到山地植物的光合作用效率和生长速度。在北半球的夏季,南坡受到更多的太阳辐射和更长时间的光照,因此植被更加茂盛;而北坡则相反,由于受到更少的太阳辐射和较短的光照时间,植被相对较少。另外,山体坡度和高度也会通过影响水文循环和土壤质量等来间接地影响山地生物。例如,陡峭的山坡会加剧水土流失,导致土壤贫瘠和水分不足,从而影响到山地植物的生长和发育。此外,不同高度的山坡也会有不同的温度和湿度条件,从而影响到山地动物的分布和行为。

2.1.3 生物对环境的适应

生物并非被动接受生态因子的作用,而是可以通过调整自身形态、生理和行为等来适应环境中的生态因子变化,降低其限制作用。生物有机体或其各部分在与环境的长期相互作用中,会形成一些对生存有意义的特征,以避免环境因素的影响或伤害,同时有效从生境中获取所需物质和能量,确保个体正常发育。这个过程被称为生态适应。

2.1.3.1 对光的生态适应

植物对于光照的适应性可划分为三种类型:阳性、阴性以及中性。根据植物对于光照强度的适应性,可以将其分为三种类型:阳生植物、阴生植物以及耐阴植物。阳生植物喜欢较强的光照,具有耐热性,其光补偿点也较高;阴生植物则对光照较为敏感,不喜欢太强的光照,其代谢速率较低,光补偿点也相应较低;而耐阴植物则介于两者之间。此外,植物对于光周期也有一定的适应性,根据它们对于光周期的适应性,可以将其分为三种类型:长日照植物、短日照植物以及中间植物。

与植物相似的是,动物对于光照的适应性同样可划分为三种类型。根据动物对于光照强度的适应性,可以将其分为三种类型:昼行性动物、夜行性动物以及广光性动物。例如,昼行性动物如鸟类、哺乳动物中的灵长类、有蹄类、昆虫中的蝶类和蝇类等,喜欢在白天活动;夜行性动物包括夜猴、蝙蝠、家鼠、壁虎等以及昆虫中的蛾类等,则喜欢在夜间活动;而广光性动物如田鼠等,对于光照的适应性则比较广泛。同时,部分哺乳动物的生长、繁殖等生命活动会随着光周期的变化呈现一定的规律性,由此可以将它们分为长日照和短日照动物。另外,许多动物的生理活动也会受到光照强度或光周期的影响,如幼鳗的洄游、蝗虫的迁移通常发生在白天;而青蛙、旱獭等的冬眠现象则会在短日照下发生。

2.1.3.2 对温度的生态适应

生物对于极端温度的适应主要体现在形态、生理和行为等方面。

在低温环境下,植物在形态上对低温有许多适应性特征,例如叶子的革质可以减少反射,绒毛和鳞片可以过滤光照,而隔热的木栓层则能够绝热。而对于动物来说,它们在形态上对低温的适应有两个主要的规律。贝格曼规律指出,生活在高纬度地区的恒温动物,其身体往往比生活在低纬度地区的同类个体大。这是因为个体较大的动物,其单位体重耗散热量相对较少。阿仑规律则表明,恒温动物身体的突出部分如四肢、尾巴和外耳等在低温环境中有变小变短的趋势,这种形态适应是为了减少散热。

在高温环境下,在形态上,植物的形态适应主要表现为叶大、光滑、鲜有绒毛和鳞片,这样可以增加对光的反射能力;而动物则表现为体格较小、表皮面积较大、血管容易扩张等特征,这些都是为了加大身体散热能力。在生理上,植物主要通过旺盛的蒸腾作用来减少夏季高温或热带地区高温对植物的危害;而动物则主要通过体表蒸发散热和呼吸散热来适应高温胁迫。在行为上,植物通过夏眠来抵御高温危害;动物则通过昼伏夜出、穴居、夏眠等行为逃避高温胁迫。

内温动物和外温动物是动物应对温度变化的两种策略。内温动物通过自身的产热来调节其体温,这是"高付出-高收益"的策略;而外温动物则依赖于外部的热源,这是"低付出-低收益"的策略。

2.1.3.3 对水的生态适应

植物对水因子的适应取决于植物对水分的需求量和依赖程度。根据植物对水分的适应性,可将植物划分为水生植物和陆生植物。水生植物对缺氧环境的适应,使根、茎、叶内形成一套相互连接的通气组织,使植物体重减轻,增加了漂浮能力。水生植物对盐度的敏感性差异较大,能耐受高盐度的植物是由于它们的细胞质中有高浓度的氨基酸、糖类、甲基胺等,增加了渗透压,减少了盐分对细胞中酶系统的破坏。陆生植物对水生态因子的适应各有特点:湿生植物抗旱能力小,不能忍受长时间缺水,但抗涝性强,主要通过根部和茎叶的通气组织相连,以保证根系充分供氧;中生植物依靠发达的根系与输导组织,保证吸收、供应充足的水分;旱生植物的叶片退化或缩小,气孔多下陷,以减少蒸腾作用,同时发展了极发达的根系,可从土壤深层吸水,有些旱生植物(少浆液植物)的细胞内有大量亲水胶体物,使细胞渗透压增加,能使根系从干旱土壤中吸收水分;有些旱生植物(多浆液植物)的细胞内有大量五碳糖,提高了胞汁液浓度,增强了植物的保水性能。

实际上,在植物光合作用过程中不考虑水分因素是不合理的,植物要进行光合作用,需要 CO_2 通过张开的气孔进入植物体内,但气孔打开时,水分就会蒸发,如果水分的蒸发速率超过吸收速率,植物的生存就会受到威胁。而对于大多数陆生植物来说,至少在某些时刻水分是不足的,因此,为了更好地在光合作用和保水之间进行权衡,部分植物在光合作用时通过 CAM 途径(景天酸代谢途径),具有 CAM 代谢途径的植物含有对 CO_2 有强富集能力的 PEP 羧化酶,这些植物的气孔在白天蒸腾作用强烈时闭合,在夜间张开固定 CO_2(形成苹果酸),该途径在缺水环境中有着明显的优势,动物对水分的适应性与栖息地的水分状况密切相关,根据动物的水分适应性可划分为水生动物和陆生动物。一般而言,水生动物通过渗透压调节(水分平衡与动物体各种溶质的调节平衡联系在一起)来实现对水因子的适应,由此可以将水生动物分为等渗透压动物(多数海洋动物)、低渗透压动物(少数海洋动物如鳗鱼)、高渗透压动物(淡水中的水生动物)和变渗透压动物(如洄游鱼类)。等渗透压动物体内的渗透压与海水接近,可以自动调节体内水分平衡;低渗透压动物主要通过增加饮水、排盐和浓缩尿液等方式维持体内水分平衡;高渗透压动物通过不断排水,从食物中获得溶质及盐分等方式维持体内水分平衡;变渗动物具有渗透压调节转换机制(一般48 h即可恢复正常),可以调节海水或淡水中的渗透压,从而维持体内水分平衡。陆生动物对水分的适应主要表现在形态、行为和生理等几个方面。干旱地区的动物在形态结构上主要有体壁几丁质、体表分泌黏液或被角质层、具皮脂腺和羽毛等对水分的适应特征;在行为上,主要有白天躲藏、夜晚活动、增加饮水、栖息地迁徙等适应机制;在生理上,主要通过体液调节以降低脱水。

2.1.3.4 对土壤的生态适应

植物对不同土壤因子具有不同的适应特征,由此形成了不同的生态类型。如以土壤pH为主导因子的生态类型包括酸性土植物、中性土植物和碱性土植物,以土壤中矿质盐类为主导因子的生态类型包括钙质土植物、嫌钙植物、盐土植物和碱土植物,以土壤沙质基质为主导因子的生态类型包括沙生植物等。

生活在盐碱土中的植物和风沙土中的植物,分别归为盐碱土植物和沙生植物。盐碱土植物在形态上表现为植物矮小、干硬、叶子不发达、蒸腾表面积缩小、气孔下陷,外皮较厚且常长白色绒毛;在内部结构上,细胞间隙小,栅栏组织发达,有的具有肉质性叶,有特殊的贮水细胞,能使同化细胞不受高浓度盐分的伤害;在生理上具有一系列抗盐特性,可以分为聚盐性植物、泌盐性植物和滤盐性(不透盐性)植物。沙生植物在长期自然适应过程中,形成了抗风蚀沙割、耐沙埋、抗日灼、耐干旱贫瘠等特点。沙生植物的茎能长出不定根和不定芽,可以适应沙埋或风蚀露根的威胁;根系生长迅速且具有根套,能够保护裸露到沙面上的根系免受沙粒灼伤或流沙割伤;地面植被矮,主根长,侧根分布宽,以便获取水分,同时起到固沙作用。植物叶片极端缩小,有些叶片具有贮水细胞,以减少蒸腾;部分沙生植物叶表皮下有一层没有叶绿素的细胞,积累脂类物质,提高植物的抗热性;细胞有高渗透压,使根系主动吸水能力增强,提高植物的抗旱性。

2.1.3.5 对大气的生态适应

在大气中,氧气和二氧化碳是与生物关系最为密切的成分。植物为了适应缺氧环境,需要依靠通气组织来满足器官和组织的氧需求。此外,部分植物还通过碳循环途径进行光合作用,以更好地利用大气中的二氧化碳。

动物对缺氧环境的适应主要表现在呼吸和供血两个方面。在呼吸方面,低氧刺激使动物产生过度通气(呼吸深度的增加),从而使肺泡能够补充更多的新鲜空气,导致气体与血液交界面上的氧分压升高,增加了血氧亲和力。在肺泡水平上,通气-血液灌注不匀性下降,呼气时肺泡的余气量增加,以及肺泡膜的气体弥散力增高,有利于给组织供氧。在组织水平上,低氧刺激组织内毛细血管增生,缩短气体弥散距离,有利于给组织供氧。

在供血方面,持续的低氧暴露使动物体内红细胞生成素增加,刺激骨髓造血组织,加速红细胞生成。骨骼中肌血红蛋白浓度增加,为组织提供更多的氧气。血液中的红细胞数量、血红蛋白浓度及血球比升高,有利于氧气的结合与运输。

2.2 生态系统服务功能

自 2001 年起,联合国的"生态系统服务与人类福祉"千年生态系统评估计划(MA)、国际地圈生物圈计划(IGBP)以及国际全球环境变化人文因素计划(IHDP)等相继出台。随后在 2012 年,联合国环境规划署(UNEP)设立了一个关于生物多样性和生态系统服务的科学-政策平台(IPBES)。这些国际计划或平台在全球和区域层面推动了生态系统服务相关研究,为各级政府进行生态系统管理提供了科学依据。

中国由于人口众多和经济高速增长,给脆弱的生态环境带来了巨大压力,使得生态环境形势更加严峻。面对环境污染、资源约束和生态退化等问题,中国政府转变了发展理念并提出了生态文明新思想。以保护"山水林田湖草沙"等自然或半自然生态系统为核心,提升其生态系统服务能力,已成为国家层面生态保护和建设活动的关键内容。

2.2.1 生态系统服务的内涵

1970 年《人类活动对全球环境的影响》研究报告中首次使用了生态系统服务的概念,并列举了自然生态系统对人类的服务,包括害虫控制、昆虫传粉、土壤形成、洪水调节以及物质循环等方面。此后,Ehrlich 等在讨论生态系统维持土壤肥力和基因库作用时,再次提及生态系统服务这一概念。Westman 提出"自然的服务"(nature's service)概念及其价值评估。随后,相关研究不断见诸文献中,生态系统服务这一科学术语逐渐为人们所接受和认可。

生态系统服务概念从提出至今,其定义和内涵就在不断地发展完善,将来还会随研究目的和研究对象的变化而不断发展更新。根据前人对生态系统服务的定义和理解,结合社会经济发展对生态系统服务的需求,我们认为"生态系统服务"的定义为基于生态系统格局、过程和功能,自然生态系统为人类福祉所提供的各种服务与产品。生态系统功能是构建生物有机体生理功能的过程,是提供人类所需各种产品和服务的基础。一般认为,植物的光合作用和有机废物的生物降解,是生态系统最基本的两大服务功能。

据估计,全球每年大约有 20 亿吨的二氧化碳通过光合作用被植物吸收,这对于减缓气候变化具有重要意义。同时,植物和微生物通过光合作用将太阳能转化为化学能,我们把这种能源叫作生物能,生物能的使用可以减少对化石燃料的依赖,同时也可以减少温室气体的排放。这些都是植物的光合作用对人类的服务价值的体现。

有机废物的生物降解是对人类至关重要的生态系统服务。生物降解是指通过微生物或其他生物的作用,将有机物质分解为简单无机物的过程。

有机废弃物在厌氧条件下进行生物降解可以减少80%的质量,还可以将该过程产生的甲烷和二氧化碳用于能源领域。微生物在污水处理、固体废弃物处理中发挥着异常重要的作用,无论工艺设备如何变化,最终都是建立在微生物作用的基础之上。

2.2.2 生态系统服务功能的内容

生态系统服务功能是指生态系统及其生态过程为人类提供的各种自然条件及其所产生的效益。这一概念在环境生态学中占有重要地位,它帮助我们认识到自然界的复杂性和其对人类福祉的直接与间接贡献。

自 Daily 等在 1997 年首次提出这一概念以来,生态系统服务功能的研究逐渐深入。Coastanaza 等研究者进一步细化了这一概念,将生态系统提供的各种产品和服务综合起来,划分为多达 17 种具体的功能类型,如气体和气候的调节、自然干扰的调解、水的调节和供应、土壤的形成和维护、营养物质的循环、废弃物的吸收等。这些功能不仅涉及自然环境的维护和稳定,还包括直接为人类提供生活必需品的生产过程。在后续的学术探讨中,张志强等学者于 2001 年提出了更为简洁的分类方式,即将生态系统服务分为两大类:一是提供人类生活所必需的生态产品,二是确保人类生活质量的生态功能。这种分类强调了生态系统不仅满足人类物质需求,还在精神、文化和美学层面为人类带来丰富体验。谢高地在同年也提出了自己的观点,他将生态系统服务功能分为三大类别:首先是那些通过生态系统的第一性和第二性生产为人类提供的直接商品或潜在商品,如食物、木材和各种原材料;其次是那些常常被忽视但对支撑和维持人类生存环境至关重要的功能,包括生物多样性维护、气候调节等;最后是生态系统为人类提供的娱乐、美学和精神享受,如各种户外活动和自然景观的欣赏。

2.2.2.1 生态系统第一类服务

物质循环:生态系统通过生物地球化学循环过程,将各种元素和化合物转化为对人类有价值的物质。例如,通过光合作用,植物从大气中吸收二氧化碳并释放氧气;通过土壤微生物的分解作用,有机物质被转化为氮、磷等营养物质,供植物吸收利用。这些循环过程不仅为人类提供了食物、水和空气等基本生存条件,还为人类提供了许多重要的资源,如木材、纸张和药物等。

2.2.2.2 生态系统第二类服务

(1)维持生物多样性。生态系统通过提供栖息地、食物和繁殖场所等条件,维持着大量物种的生存,为人类提供了生物多样性的基础。这些生物多样性不仅在生态系统中发挥着重要的功能,同时也对人类社会和经济活动具有巨大的价值。举例来说,许多野生动物被广泛应用于医药、农业和工业等领域,为人类生产和生活提供了重要的物资和资源。

(2)水土保持与涵养水源。生态系统通过植被覆盖、土壤有机质积累和土壤微生物活动等作用,能够有效地维护土壤和水源。茂密的森林和草原可以防止水土流失,保护土壤中的水分;湿地和沼泽则可以净化水质,吸收营养物质。这些生态服务功能对于维持人类生存和发展具有重大的意义,它们不仅可以防止自然灾害的发生,还可以保障水资源的供应和质量。

(3)气候调节。生态系统对地球气候具有不可或缺的调节作用。举个例子,森林作为地球上最大的碳汇,可以通过吸收和释放大量的二氧化碳来调节大气中的碳含量,从而影响全球气候。当森林中的树木吸收二氧化碳时,大气中的碳含量会下降,有助于减缓全球变暖的趋势;而当树木死亡并释放二氧化碳时,大气中的碳含量会增加,可能导致全球温度上升。另外,湿地作为另一个重要的生态系统,也能通过调节水分蒸发和蒸腾作用来影响区域气候。湿地的水分蒸发时,会释放大量的潜热,有助于降低周围环境的温度;而当湿地水分减少时,蒸腾作用会减弱,有助于增加降雨和云雾的形成。这些调节作用对于维持地球生态平衡和人类生存环境具有举足轻重的意义。

(4)净化环境。生态系统在环境保护中扮演着至关重要的角色,通过吸收和降解污染物,对环境进行净化,生态系统的净化作用是维护环境健康的重要保障。这个过程主要是通过绿色植物和微生物的相互作用来实现的。绿色植物能够吸收空气中的二氧化碳,通过光合作用将其转化为有机物质,同时释放出氧气,达到净化空气的目的。而微生物则能够降解污染物,将其转化为无害的物质,保持水质的清洁。在这个过程中,生态系统中的各种生物相互协作,共同维护环境的健康。例如,一些植物能够吸收重金属离子,而一些微生物则能够降解有机污染物。这些生物通过相互依存和相互作用,形成了一个复杂的生态系统,为人类创造了一个清洁、美丽的环境。

2.2.2.3 生态系统第三类服务

(1)景观美学。生态系统中的自然景观如森林、草原、湖泊等,为人类提供了难以言表的美学享受。这些景观不仅具有视觉上的冲击力,还能引发人们内心的情感共鸣。森林的茂密、草原的辽阔、湖泊的宁静,都能使人们感受到大自然的神奇和美妙。这些自然景观的存在不仅为人们提供了休闲娱乐的好去处,也成为城市居民缓解压力、回归自然的重要场所。同时,这些景观也是旅游产业的重要组成部分,为各地带来了可观的旅游收入。

(2)文化传承。生态系统是许多文化和传统的重要组成部分,它承载着人类的历史和文化传承。在许多原住民文化中,森林、草原、湖泊等自然景观不仅仅是自然资源,更是传统知识的载体。这些文化传统与当地的生态系统紧密相连,为人们提供了对自身文化和历史的认同感和归属感。同时,一些生态系统还是世界遗产地和自然保护区的所在地,这些地方成为当地居民和游客了解和体验不同文化的窗口。通过保护和维护这些生态系统,我们不仅可以保护生态环境,还可以传承和弘扬人类的文化遗产。

(3)科学研究和教育。生态系统是科学家们进行生态学研究的重要对象,也是教育和科普的重要素材。通过对生态系统的研究,科学家们可以更好地了解地球生态系统的运行规律和机制,为环境保护和管理提供科学依据。同时,生态系统也是学校和教育机构进行生态教育和科学普及的重要内容,有助于提高人们的环保意识和科学素养。

2.2.3 生态系统服务的功能价值及其评估

2.2.3.1 生态系统服务的功能价值

价值是一个极为复杂、相当主观的概念,其内涵不仅涉及经济意义,还包含生态层面的含义。经济价值这一概念可追溯到古希腊哲学家亚里士多德,他首次区分了使用价值和交换价值。随后,学者认为,通过对比两种商品之间数量大小关系的感受,价值在主观上取决于其效用程度和稀缺性。马克思在劳动价值理论基础上,进一步区分了具体劳动和抽象劳动,以及价值和使用价值等重要概念。此后,随着西方经济学领域的边际革命的兴起,又出现了边际价值概念。根据边际价值论,物品和服务的价值由其边际效用决定,而商品的经济价值则是边际效用与实际价格的差额。

基于效用理论的物品和服务价值可以通过支付意愿(WTP)或受偿意愿(WTA)来体现,其中支付意愿是指人们为获得一种物品或服务所愿意支付的价格。在此基础上,形成了消费者剩余理论,即消费者自愿支付的价格与实际支付价格的差额。生态系统服务价值的评估就是利用人们的支付意愿来评价这些没有直接市场的物品和服务的价值。生态价值的理念是随着生态危机的加剧而逐渐被提出的,自然科学中许多关于价值的解释与经济学的解释类似,例如,生物学中的自然选择模型与经济效用最大化模型极其相似。一些生态学家和物理学家们基于热力学原则,已经提出"能量价值理论"(energy theory of value)来补充或取代新古典价值理论。在进行生态系统服务价值评估时,大多数学者都倾向于将价值与边际效用联系在一起。

2.2.3.2 生态系统服务的功能价值类型

生态系统服务是人类从生态系统中获得的各种惠益。与人类活动直接相关的服务类型有供给服务、调节服务和文化服务。生态系统的服务功能和利用状况说明生态资源是有价的。生态资源的价值问题,是目前亟待解决的生态经济理论问题。从普通经济学的劳动价值论或商品价值理论的观点出发,没有经过人类劳动加工的自然生物资源(物种、种群、群落),其所具有的使用价值或效益是没有价值的,自然生态系统(如森林)的涵养水源、调节气候、保护天敌、保持水土等生态效益的表现,既不是使用价值,也不表现为价值,如果不从理论上解决自然资源及环境质量的价值问题,实际生产中不把资源成本和环境代价这些潜在的价值表现出来,那么就不能恰当地对人为活动的功利性进行评价,人们就不可能改变对大自然的无偿耗费,滥用、破坏自然资源的现象就不会杜绝,自然的无情报复便难以避免。

有研究者将水的生态系统服务功能划分为具有直接使用价值的产品和具有间接使用价值的支持系统功能两大类,建立了由生活及工农业供水、水力发电、内陆航运、水产品生产、休闲娱乐5个直接使用价值指标和调蓄洪水、河流输沙、蓄积水分、保持水土、净化水质、固定碳、维持生物多样性7个间接使用价值指标构成的陆地水生态系统评价指标体系。

(1)环境价值。环境的总价值包括环境的使用价值(use value)和非使用价值(non use value),环境的使用价值,是指环境被生产者或消费者使用时所表现出的价值。环境的使用价值通常包含直接使用价值、间接使用价值和选择价值。如森林的旅游价值就是森林的直接使用价值,森林防风固沙的价值就是森林的间接使用价值。选择价值(option value)是人们虽然现在不使用某一环境,但人们希望保留它,这样,将来就有可能使用它,也即保留了人们选择使用它的机会,环境所具有的这种价值就是环境的选择价值。有的研究者将选择价值看作环境的非使用价值的一部分。

环境的非使用价值是指人们虽然不使用某一环境物品,但该环境物品仍具有的价值。根据不同动机,环境的非使用价值又可分为遗赠价值和存在价值。如濒危物种的存在,有些人认为其本身就是有价值的,这种价值与人们是否利用该物种谋取经济利益无关。无论使用价值或非使用价值,价值的恰当量度都是人们的最大支付意愿(WTP),即一个人为获得某件物品(服务)而愿意付出的最大货币量。影响支付意愿的因素有:收入、替代品价格、年龄、教育、个人独特偏好以及对该物品的了解程度等。

生态系统服务是指生态系统与生态过程所形成及所维持的人类赖以生存的自然环境的条件与效用。它不仅给人类提供生存所必需的食物、医药及工农业生产的原料,而且维持了人类赖以生存和发展的生命支持系统。综合国内外的研究成果,通常将生态系统服务功能划分为生态系统产品和生命系统支持功能。生态系统产品是指自然生态系统所产生的,能为人类带来直接利益的因子,包括食品、医用药品、加工原料、动力工具、欣赏景观、娱乐材料等,生命系统支持功能主要包括固定二氧化碳、稳定大气、调节气候、对干扰的缓冲、水文调节、水资源供应、水土保持、土壤形成、营养元素循环、废弃物处理、授粉、生物控制、提供生境、食物生产、原材料供应、遗传资源库、休闲娱乐场所以及科研、教育、美学、艺术等。

(2)环境价值评估。对生态系统服务价值进行评估,是对生态系统服务功能进行估计的具体手段。生态系统服务价值的量化可将生态系统的产品和生命支持功能,转化为人们具有明显感知力的货币值,能较好地反映生态系统和自然资本的价值,有助于人们了解和认识生态系统的服务功能及其价值,减少和避免损害生态系统服务功能的短期经济行为的发生,促进生态系统可持续发展和管理。根据生态服务价值的构成,可以分为:

直接使用价值主要是指生态系统产品所产生的价值,即生物资源价值。它包括食品、医药及其他工农业生产原料,这些产品可在市场上交易并在国家收入账户中得到反映,但也有部分非实物直接价值(无实物形式,但可为人类提供服务,可直接消费)如动植物观赏、生态旅游、科学研究等。直接使用价值可用产品的市场价格来估计,是人类从古至今赖以生存的基础,也是造成过度采掘猎捕,并导致生物多样性减少和生物资源日益衰竭的根本原因。

间接使用价值主要是指生态系统给人类提供的生命支持系统的价值。这种价值通常远高于其直接生产的产品资源价值,它们是作为一种生命支持系统而存在的,如维持生命物质的生物和地球化学循环与水文循环。间接利用价值的评估常常需要根据生态系统功能的类型来确定。

选择价值是指人们为了将来能直接利用和间接利用某种生态系统服务功能的支付意愿。例如人们为将来能利用生态系统的涵养水源、净化大气以及游憩娱乐等功能的支付意愿。通常把选择价值喻为保险公司,即人们为自己确保将来能利用某种资源或效益而愿意支付的一笔保险金。选择价值又可分为三类:自己将来利用、子孙后代将来利用及为别人将来利用。它是一种关于未来价值或潜在价值,是在作出保护或开发选择之后的信息价值,是难以计量的价值。

存在价值亦称内在价值,是人们为确保生态系统服务功能能够继续存在的支付意愿。存在价值是生态系统本身所具有的价值,是一种与人类的开发利用无直接关系,但与人类对其存在的观念和关注相关的经济价值,如生态系统中的物种多样性与涵养水源能力等。

遗产价值是指当代人将某种自然物品或服务保留给子孙后代而自愿支付的费用或价格。遗产价值还可体现在当代人为他们的后代将来能否益于某种自然物品或服务的存在而自愿支付的保护费用,遗产价值反映了一种人类的生态或环境伦理价值观——代间利他主义。

根据对价值构成的评述,一般地,生态系统服务功能的总价值是其各种价值的总和。但在实际评估中,总价值尚存在问题和争论。现有的评价技术可以区分使用价值和非使用价值,但企图分开选择价值、存在价值和遗产价值是有问题的,它们之间在意义上存在一定程度的重叠,在实际操作上,需要注意它们重叠的部分。其中,第Ⅰ组评估方法,理论基础完善,是标准的环境价值评估方法。

①Ⅰ-1 旅行费用法。旅行费用法,一般用来评估户外游憩地的环境价值,如评估森林公园、城市公园、自然景观等的游憩价值。旅行费用法的基本思想是到该地旅游要付出代价,这一代价即旅行费用。旅行费用越高,来该地游玩的人越少;旅行费用越低,来该地游玩的人越多。所以,旅行费用成了旅游地环境服务价格的替代物。据此,可以求出人们在消费该旅游地环境服务时获得的消费者剩余。旅游地门票为零时,该消费者剩余,就是这一景观的游憩价值。

②Ⅰ-2 隐含价格法。可用于评估大气质量改善的环境价值,也可用于评估大气污染、水污染、环境舒适性和生态系统环境服务功能等的环境价值。其基本思想是,以上环境因素会影响房地产的价格。市场中形成的房地产价格,包含了人们对其环境因素的评估。通过回归分析,可以分析出人们对环境因素的估价。

③Ⅰ-3 调查评价法。可用于评估几乎所有的环境对象,如大气污染的环境损害、户外景观的游憩价值、环境污染的健康损害、人的生命价值、特有环境的非使用价值。其中环境的非使用价值,只能使用调查评价法来评估。

调查评价法通过构建模拟市场来揭示人们对某种环境物品的支付意愿(WTP),从而评价环境价值。它通过人们在模拟市场中的行为,而不是在现实市场中的行为来进行价值评估,通常不发生实际的货币支付。

④Ⅰ-4 成果参照法。成果参照法是把旅行费用法、隐含价格法、调查评价法的实际评价结果作为参照对象,用于评价一个新的环境物品。该法相似于环评中常用的类比分析法。最大优点是节省时间、费用。做一个完整的旅行费用法、隐含价格法或调查评价法实例研究,通常要花费 6~8 个月、5 万~10 万美元(在发达国家)。因此,环境影响经济评价中最常用的就是成果参照法。

2.3 环境生态工程学原理

在环境生态工程的设计与实施过程中,需要运用生态学、工程学和经济学原理,以解决环境问题并构建出高质量的社会-经济-自然复合生态系统。在进行环境生态工程设计时,应协调系统内各组分之间的关系,保持生态平衡,促进生态系统的健康发展,并最终实现较高的社会、经济和生态效益。

2.3.1 生态学原理

2.3.1.1 生态系统结构与功能原理

环境生态工程学注重对生态系统结构和功能的深刻理解。结构方面,工程师需要了解生态系统内各生物和非生物元素的分布及组合方式;功能方面,工程师则需洞察这些元素之间的相互关系及能量流动。只有充分掌握生态系统的结构和功能,才能更有效地设计和实施具有较低环境影响的建设方案。例如,在解决环境污染问题时,需要深入探究污染源与生物群落间的相互关系以及污染物对非生物环境产生的影响。通过生态系统结构和功能的细致研究,制定出更为合理的治理方案。

假设有一个城市附近的湖泊,由于长期的城市排放和污水流入,导致湖泊水质恶化,蓝藻暴发,水生生物减少,湖泊的生态系统受到严重破坏。为了治理这个湖泊,环境生态工程师需要深入了解湖泊的生态系统结构和功能。

①结构分析:湖泊生态系统是一个复杂的自然综合体,它由多样的生物元素和非生物元素相互作用、相互依存而形成。生物元素包括湖泊中丰富多彩的水生植物、浮游生物、鱼类以及底栖动物等,它们通过食物链和能量流动相互联系,共同维持着湖泊生态系统的生命力和稳定性。与此同时,非生物元素如水质中的营养物质浓度(例如氮、磷等),底泥的成分,以及湖泊的形态等,都是影响湖泊生态系统健康和功能的关键因素。水质状况直接关系到水生生物的生存环境,而底泥成分和湖泊形态则影响着水体的物理和化学性质,进而间接影响生物群落的结构和功能。因此,湖泊生态系统的管理和保护需要综合考虑这些生物和非生物因素,以实现生态平衡和可持续发展。

②功能分析:湖泊生态系统中的能量流动和物质循环是维持生态平衡的关键过程。在生态系统中,能量的引入主要依赖于浮游植物的光合作用。在此过程中,浮游植物利用营养盐和光能生成有机物,进而构成食物链中的基本能量来源。随后,这些有机物被浮游动物、鱼类等其他生物摄食,能量沿着食物链向上层生物流动,支撑着湖泊生态系统的生命活动。

与此同时,生态系统中包括氮、磷等营养元素在内的物质循环,也是一个重要的组成部分。这些元素通过外源输入进入湖泊,然后在湖泊内部通过生物吸收、转化以及底泥等内源释放的方式进行循环,确保了生态系统中物质的持续供应和循环利用。这两个过程相互交织,共同维系着湖泊生态系统的健康、稳定和生物多样性。

③生态过程:如蓝藻暴发可能导致的氧气耗尽、水生生物死亡等。

鉴于以上分析,环境生态工程师可以采纳以下治理措施:首先,控制外源污染,通过实施截污工程以及建设污水处理设施等手段,降低氮、磷等污染物输入。其次,恢复水生植被,种植具有净化水质功能的水生植物,以吸收营养物质,提升水质。再者,增强生物多样性,引入或保护鱼类、底栖动物等生物,增加生物群落多样性,提高生态系统稳定性。此外,实施蓝藻控制,采用物理(如曝气)、化学(如添加除藻剂)或生物(如引入蓝藻的天敌)方法,以控制蓝藻数量。再者,优化湖泊形态,通过疏浚、岸线整治等措施,改善湖泊流态和水动力条件,提高自净能力。最后,建立长期的监测与管理体系,评估治理成效,并根据实际情况调整治理策略。

2.3.1.2 生物多样性原理

生物多样性是生态系统稳定性和恢复力的关键。在环境生态工程学中,保护、恢复和增强生物多样性是一个重要的目标。以三门峡天鹅栖息地为例来说明生物多样性原理在环境生态工程学中的应用。

三门峡天鹅栖息地是位于中国河南省三门峡市的一处重要湿地,是许多候鸟,特别是大天鹅的重要越冬栖息地。近年来,由于当地政府和相关部门采取了得力的保护措施,如建立保护区、加强执法力度、开展宣传教育等,有效地保护了天鹅栖息地的生态环境,具体的保护和恢复措施包括:

①栖息地保护:通过建立保护区和划定生态红线,限制人类活动对栖息地的破坏。加强对非法捕猎、盗猎和栖息地破坏行为的执法力度,保护天鹅和其他鸟类的生存环境。

②水文条件改善:通过调节水位、改善水流和水质等措施,创造适宜天鹅栖息的水文环境。保持水体的清洁和稳定,提供足够的食物资源和栖息空间。

③植被恢复:通过种植天鹅喜欢吃的植物,恢复湿地的植被结构,提供更多的食物来源和栖息地。同时,植被的恢复也有助于改善水质和提供庇护所。

④天鹅引入和监测:在栖息地环境得到改善后,引入更多的天鹅个体,增加其种群数量。同时,建立长期的监测体系,对天鹅种群数量和分布进行监测,及时评估保护效果。

⑤公众教育和宣传:加强公众对天鹅栖息地保护的认识和意识,鼓励公众参与保护工作。开展生态旅游和宣传活动,提高天鹅栖息地的知名度和保护价值。

2022年越冬季,三门峡大天鹅数量达到15 395只,占全国越冬天鹅总数的73.1%,三门峡市因此成为全国最大的大天鹅栖息地和观赏区。据观测,天鹅种群数量呈现逐年增长趋势,与此同时,其他鸟类和生物的种类与数量同样有所上升。这一现象表明,湿地的生态功能的逐步恢复和提升,不仅有助于保护天鹅和其他生物的生存环境,也为当地经济发展提供了新的契机。

2.3.1.3 生态位原理

生态位原理描述了生物在生态系统中的位置和角色。在环境生态工程设计中,考虑不同生物的生态位有助于创建更加稳定和可持续的生态系统。生态位原理描述了生物在生态系统中的位置和角色,即每个生物在生态系统中都有其特定的生存空间和功能。通过森林生态系统,我们可以更好地理解这一原理。在森林生态系统中,不同的生物占据了不同的生态位。例如,高大的乔木占据了森林的上层空间,它们通过茂密的树叶拦截阳光,并利用光合作用将其转化为有机物。这些乔木的叶片和枝条还为许多昆虫提供了栖息和觅食的场所。而在森林的中层空间,较小的乔木、灌木和藤本植物生长,它们利用上层乔木透过的阳光进行光合作用。这些植物为鸟类和其他小型动物提供了栖息和筑巢的地方。在森林的地面层,草本植物、苔藓和地衣等生长,它们利用上层植物透过的微弱阳光进行光合作用。地面层的生物包括昆虫、蠕虫、小型哺乳动物等,它们以地面层的植物为食或在其中寻找庇护所。此外,森林生态系统中还有分解者,如细菌和真菌,它们分解死亡的植物和动物残体,将其转化为营养物质,供其他生物循环利用。

在草原生态系统中,生态位原理同样起着重要作用。不同的生物在草原生态系统中占据了各自特定的生态位,相互依存、相互制约,共同维持着生态系统的稳定和平衡。首先,草原上的主要生产者是草本植物,如各种牧草和野生草。这些植物通过光合作用将阳光转化为有机物,为整个生态系统提供能量。这些草本植物占据了草原的地面层,形成了茂密的草甸。在草原的地面层上方,有一些灌木和小乔木生长,它们利用较高的空间位置获取更多的阳光。这些灌木和小乔木为一些鸟类和小型哺乳动物提供了栖息和筑巢的地方。在草原上的动物方面,大型哺乳动物如羚羊、斑马等是主要的草食动物,它们以草本植物为食。而狮子、豹子等则是主要的肉食动物,以草食动物为食。这些动物在食物链中占据了不同的位置,形成了复杂的食物网。此外,在草原生态系统中还有一些特定的生物类群,如蚂蚁、蜜蜂等昆虫,它们以草原上的花蜜、花粉等为食,同时也起到了传播花粉、控制其他昆虫数量的作用。需要注意的是,每个生物在草原生态系统中都有其特定的生存空间和生存策略。例如,一些草食动物通过快速奔跑来逃避捕食者的追击,而一些肉食动物则通过潜伏和突然袭击来捕猎猎物。这些不同的生存策略使得每个生物都能够在草原生态系统中找到适合自己的生态位。因此,在环境生态工程设计中,考虑不同生物的生态位是非常重要的。

2.3.1.4 生态系统服务与价值原理

生态系统向人类社会提供多种服务,如空气净化、水源保护、气候调节等。环境生态工程学应重视保护和提升这些服务。

①水源保护:森林生态系统作为重要的水源保护区,具有保持水质、调节水流和减少洪涝灾害等功能。例如,某城市的水源地位于一片茂密的森林中,该森林通过吸收和过滤雨水,有效去除了其中的污染物,并为城市提供了清洁的饮用水。为了保护这一重要的水源,环境生态工程师可以设计植被恢复项目,加强森林的保护和管理,确保其持续提供高质量的水资源。

②空气净化:湿地生态系统具有吸收和转化大气污染物、减轻空气污染的功能。例如,一个城市近郊的湿地公园通过吸收空气中的有害物质和释放氧气,有效改善了城市的空气质量。为了保护这一重要的空气净化服务,环境生态工程师可以设计湿地保护和恢复项目,减少污染物的排放,增强湿地的吸收能力,提高空气净化效果。

③土壤保持与肥力提升:农田生态系统提供了土壤保持和肥力提升的服务。例如,通过采用合理的耕作措施和轮作制度,农田可以保持土壤的结构和肥力,提高农作物的产量和质量。环境生态工程师可以设计农田水土保持项目,推广有机肥料的使用和水资源的合理利用,减少土壤侵蚀和水资源的浪费,提升农田生态系统的土壤保持和肥力提升服务。

④气候调节:海洋生态系统在气候调节中起着重要作用。例如,海洋通过吸收大量的二氧化碳并释放氧气,有助于减缓全球气候变暖的速度。为了保护海洋生态系统的气候调节服务,环境生态工程师可以设计海洋保护项目,减少温室气体的排放,控制海洋污染,保护珊瑚礁等重要的海洋生态系统。

2.3.2 工程学原理

2.3.2.1 整体性原则

(1)还原论与整体论。1953年分子生物学采取还原论的方法,成功揭示了DNA双螺旋结构:首先将一个复杂的事物依据各种原则分解为多个小的组成部分,然后进一步将这些组成部分分成更小的子组成部分,直到能对这些更小的部分进行严格而又透彻的分析,然后再在对这些组成部分认识的基础上来了解整个系统。还原论主张把高级运动还原为低级运动,将研究对象不断进行细化、拆分并加以分析,恢复其最原始的状态,化繁为简还原论强调事物不同层次之间的联系,为从低级水平入手或从微观入手探索高级水平或宏观的规律奠定了理论基础。但如果不考虑研究对象的特征,简单地用低级运动形式规律代替高级运动形式规律,那就要犯机械论的错误。分子水平的研究有助于揭示具有生命活力的生态系统复杂性的全部奥义,但却不能揭示复杂系统或有机整体的性质与功能。

后来,人们日益发现许多生命现象仅仅依靠分析、分解很难得到合理的解释,这种一个基因、一条代谢途径、一个生理现象的研究形式远远不能说明纷繁复杂的生命现象。甚至污染问题也很难用还原论来解释,比如我们已经研究了雾霾天气的出现和工厂化石燃料的燃烧、汽车尾气、餐饮行业有关,并且连这些大气污染物在大气中的迁移转化模型都建立了,为什么还是没有解决雾霾?这时候,我们就逆向思维,从大尺度空间把握人类的各种行为与自然的关系,即采取系统科学的方法,将所遇到的科学问题从整体系统的角度重新考虑。这就是整体论,其核心是:系统所有要素各自的变化是整个系统的函数,系统具有各要素所没有的新的性质和行为即新生特征,由于要素与要素之间还存在着某种关系,因此系统整体性不能机械地表述为要素性质的简单叠加。系统的整体性体现了系统功能的整合性,即系统整体功能大于部分功能之和。

人类社会生产、生活快速的发展所产生的环境问题已经不再是独立产生,而是生态系统整体性的体现。大气污染是人类活动和大自然比如森林火灾的灰烬等有毒有害气体的集合体。而环境生态工程就是要在生态系统内解决综合性的环境问题,因此,在进行设计的时候,首先要遵循整体性原理,以整体观为指导,通过对污染物的适时监测和进行相关生态风险评估,研究污染物与系统内各组分之间的关系。

(2)社会-经济-自然复合生态系统。环境问题都直接或间接地与人类活动有关,借助生态工程解决环境问题离不开人类的参与,即环境生态工程既有其自然属性,也具有社会属性、科技属性和经济属性。

人类社会是以人的行为为主导、自然环境为依托的资源流动、文化与物质交融的社会-经济-自然复合生态系统。社会、经济、自然这三个子系统之间是相生相克和相辅相成的关系,在研究、规划和管理该系统时要了解每一个子系统内部以及三个子系统之间在时间、空间、数量、结构、秩序方面的生态耦合关系。其中时间关系包括地质演化、地理变迁、生物进化、文化传承、区域建设和经济发展等不同尺度和属性。空间关系包括大的区域、流域直至小街区。数量关系包括规模、速度、密度、容量、足迹、承载力等。结构关系包括人口结构、资源结构、景观结构、产业结构、社会结构等。每个子系统都有自己独特的秩序。秩序关系包括竞争序、共生序、自生序、再生序和进化序等。

根据社会-经济-自然复合生态系统的特征分析,环境问题实质上就是资源流动在时空尺度上的滞留和耗竭,系统耦合在结构关系上的破碎和板结,生态功能在演化过程中的退化和灾变,社会管理在局整关系上的短视和匮缺。人类活动产生的物质总是不断地从有用的东西变成"没用"的东西,再还原到自然生态系统中进入生态循环,任何一个环节受阻都会带来环境问题。

环境生态工程研究与处理的对象是以解决环境问题为主要目的、人工参与的有机整体:社会-经济-自然复合生态系统。该系统中生存的各种生物有机体和其非生物的物理、化学成分主要围绕解决环境问题而相互联系、相互作用、相生相克、互为因果地组成一个网络系统。

例如在设计一个解决富营养化的水体生态系统并恢复其生态服务功能时,需注意该水体内的某种营养元素的表现,其化学形态、分布、浓度、动态及变化既受一些物理因素和过程,如沉淀、再悬浮、稀释、扩散的影响;又受一些化学因素和过程,如氧化或还原、化合或分解、络合或解离等的影响;同时还受一些生物因素和过程,如某些生物的吸收或摄食、同化与异化的影响。其中某一种植物的存在、分布、密度、生长、生殖、生产力及对某些化学元素的富集等,要受到所在生态系统中水的深度、温度、透明度、多种营养盐及物质的化学形态、浓度及比例等物理、化学因素和过程的影响;同时也受其与其他生物的互利共生及竞争、排斥等作用的影响,而这些植物反过来也对水的流速、透明度,一些化学元素的化学形态、浓度、动态、分布等产生影响。

环境生态工程是以整体论为指导,充分利用还原论和机械论的优势,在系统的各水平和层次上进行整体调控的处理手段。用发展的眼光,借助生态系统的整体、协同、循环、自生功能,以知识经济和生态系统服务为依托,发展自然、改变环境、适应环境、积累资源、调节关系,将环境污染防治从单因子走向复合污染防治,消除环境问题于系统内,达到资源的有效利用、经济的持续增长、社会的和谐兼容、文化的延续拓展及自然活力的维系。

在研究、设计及建立一个环境生态工程的过程中,必须在整体论指导下统筹兼顾。统一协调与维护当前与长远、局部与整体、开发利用与环境和自然资源之间的和谐关系,以保障生态平衡和生态系统的相对稳定性。避免为了片面追求当前的局部利益,牺牲整体和长远利益,兴利却伴随着废利或增害,防止产生一些不利于持续发展的问题与后果。要做到处理环境问题的整体效果,就需合理调配、组装、协调系统的各个组分,提高整个系统的运行能力。

2.3.2.2 协调与平衡原理

(1)协调原理(harmony principle)。人类活动的产物若未能在生态系统中进行良性循环,就会引起一系列的环境污染问题,导致生态系统功能失调。而生态系统遭到破坏之后,其对人类活动产物的消纳能力就会降低,进而增加人类的健康风险。我们从整体论可知,整体由系统内各个因素组成,这些内部因素之间以及其与外部环境之间处于动态的有机联系之中,这使得系统具有开放性。因此整个生态系统几乎总是处在复杂的运动变化之中。比如天然或半天然植被中的一个植物群落,必然是经历了一系列发展演变的结果。从理论上而言,这种演变总是从裸地上的先锋植物开始而最终发展到演替顶极;因此,任何生态系统中的植物群落都将随着时间的推移而从数量和质量上改变着其中的植物种类成分;与此同时,消费水平和土壤条件也都在不断地变化,生态系统中各生物之间发生竞争、协同或合作。在达到某种平衡的生态系统中,种群之间的正、负相互作用就像平衡方程式一样,最后得到平衡。

生态系统的功能主要表现在生物生产、物质循环、能量流动和信息传递四个方面。生态系统的结构是发挥其功能的基础,决定着功能及其大小,直接决定与制约组成各要素间的物质迁移、转换、积累、释放以及能流的方向、方式与强度。生态系统的结构和功能既相互依存,又相互制约、相互转化。

生态系统的结构是组成该系统生物及非生物成分的种类及其数量与密度、空间和时间的分布与搭配、相互间的比例,以及各种不同成分间相互联系、相互作用的内容和方式。不同类型的生态系统,不同时期、不同区域的同类生态系统,其结构可能不同。因此,结构不同的生态系统呈现不同的状态和宏观特性,从而对环境污染物的消纳作用也不同。

一个生态系统的功能则决定一个生态系统的性质、生产力、自净能力、缓冲能力,是该生态系统相对稳定和可持续发展的基础。在一个生态系统中,各层次、各环节间的量及物质和能量的流通量也各有一定的协调比量。环境生态工程中若存在任何超越一个生态系统自我调节能力的外来干扰,都会使该生态系统原有性质及整体功能遭到破坏和改变,使之结构间失调,或功能间失调,或结构与功能间失调,该工程在未解决既定的环境问题时就可能会引发次生生态环境问题。

每种生物都有其适应的环境,且与周围的环境相互协调,这是自然选择的结果。譬如,在我国西北干旱少雨地区建设防护林时,如果是以杨树等乔木树种为主而不是以适宜当地生态条件的灌木和草为主,防护带就会成为灰色长廊,这样设置的生态系统就易缺乏稳定性。

在一些受养殖废水污染的水体中,通过种植或养殖一些水生动植物以调控受污水体内部结构,增加或扩大一些有机质及营养盐在该生态系统中迁移、转化、积累和输出的环节、途径和数量,提高该水体自净能力及环境容量,从而达到净化水质、改善生物多样性,同时增加青饲料及鱼鸭等产量的目的。由此可见,明确维护生态系统结构与功能的协调性是环境生态工程的重要原则。

(2)平衡原理(balance principle)。1918年美国亚利桑那州凯巴布高原上约有4000只鹿,尚低于承载量(约30 000只),但由于当时鹿的天敌如狼、山狗和美洲狮被猎杀,与此相关的食物链断裂,生态系统失衡,导致鹿的数量于1924到1925年激增到10万只,超出了高原的承载能力,鹿的食物减少,而后在1940年自然又降到1万只左右。凯巴布高原上鹿的种群动态演替案例说明,生态系统在一定时期内,各组分通过相生相克、转化、补偿、反馈等相互作用,结构与功能相互协调,达到相对平衡,且是一种动态的平衡。

生态平衡就整体而言可分为以下3类。

①结构平衡:生物与生物之间、生物与环境之间、环境各组分之间,保持相对稳定的合理结构,及彼此间的协调比例关系,维护与保障物质的正常循环畅通。

②功能平衡:由植物、动物、微生物等所组成的生产—分解—转化的代谢过程和生态系统与外部环境、生物圈之间物质交换及循环关系保持正常运行。这种平衡经常处于一定范围的波动,是动态平衡。

③收支平衡:生态系统与外部环境进行物质和能量的交换时有趋向输入与输出平衡的趋势,若收支失衡就将引起该生态系统中资源萧条和生态衰竭或生态停滞。

即使是用于富集污染物的某一生物物种在一个生态系统中的输入量大于输出量,且超越生态系统自我调节的能力时,过度输入的物质和能量将以废物的形式排放到周围环境中,或是以过剩物质的形式积蓄于生态系统中,从而造成收支失衡,生态系统中原有结构与功能失调,导致环境污染即生态停滞。例如使用凤眼莲治理污染的流动水体时若引入和调控不当,超过环境的承载能力,会使很多水生生物面临死亡,且凤眼莲死后的腐烂残体沉入水底可能形成重金属或营养盐高含量层,导致水体溶解氧下降,厌氧毒物增多,引起生态系统的结构、功能和收支失衡,造成生态灾难。为防止凤眼莲泛滥成灾,可以简便地采用某些措施(例如用绳索串起的浮球)限制其生长区域,使其作为天然浮床友好地服务于社会。对任何非外来入侵植物,如果对其干扰不适当,都有可能引起生态灾难。协调与平衡原理要求在环境生态工程设计和建设时须考虑生物和环境相适性和协调性,即生物种群数量与环境承载力相匹配,生态系统结构与功能相协调。

2.3.2.3 循环再生原理

(1)物质循环和再生原理(circulation principle)。生态系统中构成生物的各种化学元素,在地球上生物与非生物之间,在土壤岩石圈、水圈、大气圈之间循环运转。各种化学元素滞留在通常称之为"库"(pool)的生物与非生物成分中,元素在库与库之间迁移转化构成生物地球化学大循环。生态系统内的小循环和地球上的生物地球化学大循环,保障了存在于地球上的物质供给,通过迁移转化及循环,使可再生资源取之不尽,用之不竭。从热力学第二定律及耗散结构论来看,物质循环是能流过程中,从有序的能向无序能(熵)的直线变化中的一个旋涡或干扰,将能转变为焓,是阻滞熵变的。物质运动,周行而不殆,循环不已,将成为未来"低熵社会"的原则。从物质生产和生命再生角度看,则每次物质循环的每个环节都是为物质生产或生命再生提供机会,促进循环就可更多发挥物质生产潜力,给生物提供更多生长繁衍的条件。

利用环境生态工程处理环境中的污染物,就是通过协调参与循环运转的各个环节及途径的输入、转化与输出的量,理顺循环各环节间关系。通过加速各环节循环的速度,为物质生产和生物再生提供更多机会,变废为宝,化害为利。

(2)多层次分级利用原理(multilevel use principle)。循环再生与分层多级利用物质是环境生态工程中系统内耗最省、物质利用最充分、工序组合最佳、最优工艺设计的基础。充分利用空间、时间及副产品、废物、能量等资源,在代谢(生产)过程中,分层多级地将一种成分(环节)的输出物(产品、副产品和废物等)和剩余物设计成另一些后续成分(或环节)代谢(生产)的原料(输入物),它们的输出物(产品、副产品、废物)又是其他一些后续成分(环节)的代谢(生产)原料。许多环节按此方式联结成网络,使物质在系统内流转、循环往复,运行不息。若结构合理,各成分(环节)比量协调合适,使每个成分(环节)所输出之物,正好全部为其他后续成分(环节)所利用,达到废物零排放标准。这种多层分级利用的模式可以同步兼收生态环境效益、经济效益及社会效益。

(3)合理利用可更新资源和不可更新资源。如何合理利用可更新资源和不可更新资源,在有限的自然资源基础上,既获得最佳的经济效益,又不断提高环境质量成为环境生态工程中必须思考的问题。

人类对太阳能、水力能、风能、地热能等可更新资源的利用一般不会影响其可更新过程。要合理利用这些可更新资源,重点是保护其自我更新能力和创造条件加速其更新,使自然资源取之不尽,用之不竭,并保持最大收获量。可更新资源保护的核心是把资源开发利用的速度控制在资源更新能力允许的范围之内,以便实现对资源的永续利用,人类也可以主动地采取措施保护和增强资源的更新能力。如为了保护和增强森林资源的再生能力,可采取封山育林、加强抚育、培育速生丰产树种,进行残林更新和营造新林等方法。

然而森林、草原、鱼群、野生动植物、土壤等自然资源的更新过程与生物学过程有关,其更新速度很容易受到人类开发利用过程的影响,人类对这类资源的过度利用会损害该类资源的更新能力,甚至导致这类资源的枯竭。对不可更新资源,如金属矿物、非金属矿物、化石能源以及化肥、农药、机具、燃油等生产资料,必须从物质循环的生态学角度出发,掌握各种矿物的自然循环规律。可采用物质的再循环和回收利用、资源替代、提高资源利用率等对环境和自然循环过程干扰最小的方式对不可更新资源进行开发利用。在提高资源利用率方面既要利用边际效益原理使有限的资源发挥最大的增产作用,同时也要加强资源利用技术的改进。例如,能源不能像铁、磷等矿物资源那样被反复循环利用,但通过改进能量利用技术可显著提高其利用效率。

2.3.3 经济学原理

环境生态工程的经济学原理共包括三个：生态经济平衡原理、生态经济价值原理和生态经济效益原理。

2.3.3.1 生态经济平衡原理

生态经济平衡是指生态系统及其物质、能量供给与经济系统对这些物质、能量需求之间的协调状态，体现了生态平衡与经济平衡的有机统一。在这一平衡体系中，三个方面相互关联、相互作用。

首先，经济平衡从属于生态平衡。在这一关系中，生态平衡具有第一性，经济平衡则为第二性。发展时序上，生态平衡先于经济平衡存在，并孕育着经济平衡的发展。其次，生态平衡是经济平衡的自然基础，而经济平衡则反作用于生态平衡。经济平衡并非消极被动地适应生态平衡，而是在人类主动利用科学技术和宏观经济调控的基础上，保护、改善或重建生态系统。随着经济的发展，人类对生态系统的影响日益增强，因此对生态基础的稳固性和耐受能力提出更高要求。最后，生态平衡与经济平衡之间存在矛盾，主要表现为人类需求的无限性与资源供给的有限性之间的矛盾。这一矛盾使得生态经济平衡成为一项极具挑战性的任务，需要人类在发展经济的同时，充分考虑生态保护，实现可持续发展。

2.3.3.2 生态经济价值原理

生态经济价值原理强调环境生态工程中的资源价值和生态服务价值。首先，自然资源是有价值的，其价值体现在它们对人类生产的贡献和生态系统服务的功能。环境生态工程师在设计和实施项目时，应充分考虑这些价值，确保资源的合理利用和保护。其次，生态系统的服务功能具有经济价值。例如，水源涵养、洪水调节、土壤保持等生态系统服务对于维持农业生产和社会经济发展至关重要。因此，在进行环境生态工程时，要注重保护和恢复这些生态系统服务，以实现生态经济价值的最大化。

2.3.3.3 生态经济效益原理

生态经济效益是评价各种生态活动和工程项目的客观尺度，对任何一项环境生态项目都需要进行近期和长期的生态经济效益的比较、分析与论证,在解决环境问题的同时,以取得最佳生态经济效果,促进社会经济发展。生态经济效益是生态效益和经济效益的综合与统一,生态经济效益的好坏可以作为衡量环境生态工程优劣的尺度。森林可以更新氧气,是天然氧吧,将人工制作氧气的成本作为其"机会价格",就可以估算出森林的生态效益价值。

生态经济效益原理主张在环境生态工程中实现生态效益和经济效益的平衡。一方面,要坚持生态优先,确保生态环境的可持续性,为经济发展提供坚实的基础。另一方面,要关注经济效益,通过科学规划和合理布局,实现生态保护和经济社会发展的双赢。在实际项目中,环境生态工程师需充分考虑生态效益和经济效益的关系,寻求最佳的解决方案。

综上所述,环境生态工程在实践中的应用涉及多个学科领域,包括生物学、物理学、工程学、经济学等。环境生态工程师需运用系统工程原理、生命周期评价原理、优化与决策原理、适应性管理原理以及经济学原理,全面分析和解决复杂的环境问题。通过这些原理和方法,我们可以更好地保护生态环境,实现人与自然的和谐共生,促进经济社会的可持续发展。

思考题

1. 环境生态工程中的限制因子有哪些?
2. 从系统工程的思想出发,简要分析环境生态工程的特征。
3. 在环境生态工程设计中,如何平衡社会效益、经济效益和生态效益?

第 3 章 湿地生态系统

3.1 湿地生态系统的定义

湿地是一种特殊的生态系统,它处于水生生态系统和陆地生态系统之间的过渡区域。这类区域由于自然的或人为的因素,长期或周期性地被水分所浸润或积水,形成了独特的兼气性环境。这种环境为绿色高等水生植物和湿生植物提供了必要的生存条件,使它们能够在这里形成稳定的植物群落。湿地包括但不限于沼泽地、湿原、泥炭地、水域地带,以及低潮时水深不超过 6 m 的海域。湿地具有重要的生态功能,对于维持生物多样性、调节气候、净化水质等方面都发挥着不可替代的作用。因此,湿地保护和恢复已成为当今环境生态工程领域的重要任务之一。

在湿地概念的界定上,存在很多相近的观点。1997 年,我国国家林业局对湿地的定义为:天然或人工、长久或暂时性的沼泽地、湿原、泥炭地或水深不超过 6 m 的海域。世界《湿地公约》对湿地的定义则为:无论其为天然或人工、永久或暂时、静止或流动、咸水或淡水,由沼泽、泥沼、泥炭地或水域地带所构成的地区,包括低潮时水深 6 m 以内的海域。还有一种说法,将湿地定义为一种生态性质上介于水生和陆地生态系统之间的生态系统,由于常年或周期性的水分积聚或过度湿润,导致基底呈现兼气性条件,从而维持绿色高等水生或湿生植物群落长期生存的土地。我们比较认可的一种定义是:湿地生态系统(wetland ecosystem)是湿生、中生和水生植物、动物、微生物和环境要素之间密切联系、相互作用,通过物质交换、能量转换和信息传递所构成的占据一定空间、具有一定结构、执行一定功能的动态平衡整体。

3.1.1 湿地的特征

湿地的特征包括季节或长年积水、特殊的土壤条件以及由适应湿润环境的植物组成的植被。这些特征共同构成了湿地生态系统的独特性和复杂性,使其在全球生态系统中占据着不可替代的重要地位。

3.1.1.1 湿地以季节或长年积水为特征

湿地,这一独特的生态系统,以其明显的积水现象为特征,这种积水可能是季节性的,也可能是常年存在的。这种水分的积聚为湿地赋予了与众不同的生态功能和生物多样性。湿地的水分状况不仅直接影响着土壤的发育,还塑造了湿地的植被类型和生物群落结构。

3.1.1.2 湿地的土壤条件通常不同于邻近的高地

湿地的土壤条件,通常与邻近的高地有着显著的差异。由于长期处于湿润环境,湿地的土壤往往呈现出深色、富含有机质的特性。这种特殊的土壤条件为湿地植物提供了丰富的养分,同时也为微生物和其他土壤生物创造了独特的生存环境。

3.1.1.3 湿地植被由适合湿润环境的植物组成,但缺乏耐受洪水威胁的植物

湿地植被的构成同样体现了湿地环境的独特性。这些植被由适应湿润环境的植物种类组成,它们能够在水分充足的环境中茁壮成长。然而,尽管湿地植被繁盛,但却缺乏耐受洪水威胁的植物。这是因为湿地环境虽然湿润,但洪水的周期性或偶发性冲击对植物来说仍然是一种巨大的生存挑战。因此,湿地植被在适应湿润环境的同时,也必须具备应对洪水的能力,这进一步增加了湿地生态系统的复杂性和多样性。

3.1.2 湿地的类型

湿地,作为自然界中珍贵的生态系统,因其独特的生态功能和生物多样性而备受关注。根据不同的分类标准,我们可以将湿地划分为多种类型,每

一种类型都有其独有的特征和生态价值。

3.1.2.1 沼泽湿地

沼泽湿地,作为湿地生态系统中的典型代表,以其独特的生态特征而引人注目。在这片水生植物占据主导地位的领域,各种植物繁茂密集,形成了复杂而稳定的植物群落。这些植物通过根系与土壤紧密相连,不仅为土壤提供了有机质和氧气,还帮助固定了土壤结构,防止了水土流失。

沼泽湿地的土壤条件十分特殊,呈现出兼气性的特点。这意味着土壤中的水分和氧气含量处于动态平衡状态,为微生物和其他土壤生物提供了独特的生存环境。这些生物在分解有机物、促进养分循环等方面发挥着重要作用,维持着湿地生态系统的健康与稳定。

除了生态功能外,沼泽湿地还具有丰富的生物多样性。各种鸟类、哺乳动物、两栖动物和昆虫在这里繁衍生息,形成了复杂而稳定的食物链和生态网络。这些生物之间相互依存、相互制约,共同维持着湿地生态系统的平衡与稳定。

3.1.2.2 河流湿地

河流湿地,位于河流及其沿岸地区,是湿地生态系统中的重要组成部分。这里水分充沛,土壤肥沃,为各种水生生物提供了理想的栖息地。河流湿地不仅为河流提供了一定的缓冲作用,减缓了洪水的冲击力和速度,保护了周边地区免受洪水的侵袭,还通过过滤、吸附和生物降解等作用净化了河水,维持了河流生态系统的健康与稳定。

在河流湿地中,各种植物繁茂生长,形成了多样化的植被类型。这些植物通过光合作用产生氧气,为水生生物提供了必要的生存条件。同时,植物的根系还能固定土壤、减缓水流速度,有助于防止水土流失和河岸崩塌。

此外,河流湿地还是众多鸟类、鱼类和其他水生生物的繁殖和觅食场所。这些生物在湿地中形成了复杂而稳定的食物链和生态网络,共同维持着湿地生态系统的平衡与稳定。

3.1.2.3 湖泊湿地

湖泊湿地,环绕湖泊及其周边地区,是湿地生态系统中的重要类型之一。这里水位波动较大,生物多样性丰富,为各种生物提供了独特的生存环境。

湖泊湿地在调节区域气候方面发挥着重要作用。由于湖泊的水体面积较大,能够吸收和释放大量的热量和水分,从而影响周边地区的气温和降水。这种调节作用有助于维持区域气候的稳定与平衡。

此外,湖泊湿地还是重要的水源地。湖泊通过蓄水和补给作用为周边地区提供了稳定可靠的水源供应。这些水源对于农业灌溉、工业用水和生活用水等方面都具有重要意义。同时,湖泊湿地还能通过生物降解和物理沉淀等作用降解污染物,净化水质,保护周边地区的生态环境和人类健康。

3.1.2.4 海岸湿地

海岸湿地,位于海洋与陆地交汇的地带,是湿地生态系统中的特殊类型。这里包括潮间带、红树林、盐沼等多种生态类型,具有丰富的生物多样性。

海岸湿地在抵御海洋侵蚀方面发挥着重要作用。红树林等植被能够减缓海浪的冲击力和速度,保护海岸线免受侵蚀。同时,这些植被的根系还能固定沙土、减缓水流速度,有助于防止海滩侵蚀和海岸线后退。

此外,海岸湿地还是众多海洋生物的重要繁殖和觅食场所。这些生物在湿地中形成了复杂而稳定的食物链和生态网络,共同维持着湿地生态系统的平衡与稳定。同时,海岸湿地还能通过生物降解和物理沉淀等作用净化海水,保护海洋生态系统的健康与稳定。

3.1.2.5 人工湿地

人工湿地是人类为了处理污水、美化环境、调节气候等目的而精心构建的湿地类型。这种湿地不仅具有较高的生态价值,还在实际应用中展现出了卓越的实用功能。

人工湿地在污水处理方面发挥着重要作用。通过模拟自然湿地的生态过程,人工湿地能够利用植物、微生物和物理化学等作用净化污水中的有害物质,提高水质标准。这种处理方法不仅环保节能,还能为城市提供可再生利用的水资源。

此外,人工湿地还具有美化环境和调节气候的功能。通过精心设计和规划,人工湿地可以融入城市景观中,为市民提供休闲娱乐的场所。同时,湿地中的植被能够通过蒸腾作用降低气温、增加湿度,有助于改善城市热岛效应和气候环境。

湿地的详细分类见表3-1。

表3-1 湿地的分类

咸水湿地	淡水湿地	人工湿地
潮下无植物生长浅水区域	永久性河流和溪流	养殖池塘
潮下水生植被层	内陆三角洲	农用池塘
珊瑚礁	暂时性河流和溪流	灌溉田和灌溉渠道
潮间多岩石海滩	河流泛洪平原	
潮间碎石海滩	永久性淡水源泉(8 hm^2)	季节性洪泛耕地
潮间无植被泥沙和盐碱滩	永久性淡水池塘	盐池、蒸发池
潮间有植被沉积滩	季节性淡水湖	采石坑、取土坑、采矿池
潮下河口水域	永久性淡水沼泽	
潮间具有稀疏植物的泥沙或盐碱滩	永久性泥炭沼泽	污水处理场、沉淀池
潮间河口沼泽	季节性淡水沼泽	
潮间有林湿地	泥炭地	水库、水电坝
海湖	高山和极地湿地	
盐湖(内陆排水区)	周围有植物的淡水泉和绿洲	
高原咸水湖	地热湿地	
	淡水森林沼泽	
	青藏高原湿地	

3.1.3 湿地的分布

湿地,被誉为自然界的绿色肺腑,以其独特的生态功能和广泛的分布范围,在全球生态系统中占据着举足轻重的地位。从寒冷的极地到炎热的赤道,从辽阔的大陆到浩渺的海洋,湿地以其坚韧的生命力和多样的生态类型,在地球的各个角落都展现出了其存在与价值。

3.1.3.1 湿地分布的地理特征

湿地分布在全球各地,其地理特征呈现出鲜明的差异性和规律性。在热带和亚热带地区,由于气候湿润、降雨充沛,形成了广袤的湿地。例如,南美洲的亚马孙河流域和非洲的刚果盆地,拥有世界上最大的热带雨林和沼泽湿地,这些湿地为丰富的生物多样性提供了宝贵的栖息地。而在温带和寒带地区,湿地则呈现出另一种风貌。例如,欧洲的芬兰和瑞典,以及北美洲的加拿大,湖泊如明珠般点缀在大地上,河流蜿蜒其间,形成了独特的温带湿地景观。

沿海地区是湿地的另一重要分布区域。受到海洋潮汐作用的影响,这里形成了独特的海岸湿地。例如,亚洲的红海沿岸和欧洲的北海沿岸,滩涂和盐沼等湿地类型广泛分布。这些湿地不仅为海洋生物提供了重要的繁殖和觅食场所,还是天然的海岸防线,能够有效地减缓风暴潮等自然灾害对沿海地区的冲击。

3.1.3.2 湿地分布的规律性及其影响因素

湿地的分布并非偶然,而是受到多种自然因素的深刻影响,呈现出一定的规律性。首先,地形地貌是决定湿地分布的重要因素之一。地势低洼的地区往往易于积水,从而形成湿地。例如,中国的长江中下游平原和淮河平原,地势低平、排水不畅,形成了广泛的湖泊和沼泽湿地。相反,地势高耸的地区则由于排水条件较好,湿地相对较少。例如,中国的青藏高原和云贵高原,地势高耸、气候寒冷,湿地资源相对稀缺。

其次,气候的冷暖干湿也直接影响着湿地的形成和维持。温暖湿润的气候有利于湿地的发育和保存。例如,中国的东南沿海地区,气候湿润、降雨充沛,形成了广袤的红树林和滩涂湿地。而寒冷干燥的气候则可能导致湿地的退化和消失。例如,中国的西北地区,气候干燥、降水稀少,湿地资源相对匮乏。

此外,海拔的高低也与湿地分布密切相关。高海拔地区由于气温低、降水少,湿地相对较少;而低海拔地区则因为气温高、降水多,湿地资源相对丰富。例如,中国的青藏高原地区,虽然湖泊众多,但由于海拔高、气温低,湿地的生态功能相对较弱;而长江中下游平原地区,海拔较低、气候湿润,湿地资源丰富且生态功能强大。

3.1.3.3 中国的湿地分布及特点

中国作为世界上湿地资源最丰富的国家之一,拥有多种类型的湿地。从北到南、从东到西,湿地在中国的大地上留下了独特的印记。以下是中国几个重要湿地分布区的详细介绍。

东北地区:东北地区是中国的重要湿地分布区之一,主要分布着沼泽和湖泊湿地。三江平原、松嫩平原和辽河平原等地势低平、排水不畅的地区形成了广泛的沼泽湿地。这些湿地为当地的生态系统提供了重要的水源和栖息地,也是候鸟迁徙的重要通道。例如,丹顶鹤、白鹤等珍稀鸟类在这些湿地中繁衍生息。

南方沿海地区:南方沿海地区以红树林和滩涂湿地为主。红树林是热带和亚热带地区的特有湿地类型,具有独特的生态功能和生物多样性。它们不仅为海洋生物提供了栖息地,还是重要的天然屏障,保护着沿海地区免受风暴潮等自然灾害的侵袭。滩涂湿地则是沿海地区的重要生态系统,为多种生物提供了生存和繁衍的场所。例如,福建的漳江口和广东的湛江等地分布着广袤的红树林和滩涂湿地。

青藏高原:青藏高原是中国的高海拔湿地分布区,主要分布着湖泊和沼泽湿地。这些湿地为高原生态系统提供了重要的水源和生态服务,也是珍稀野生动植物的重要栖息地。例如,青海的青海湖和西藏的纳木错等湖泊湿地,以其独特的高原湖泊生态系统吸引着众多游客和科研人员前来探访。

总之,湿地在全球范围内分布广泛,呈现出鲜明的地域性和规律性。而中国作为湿地资源大国,其湿地分布也具有独特的地理特征和生态价值。通过深入了解湿地的分布及其影响因素,我们可以更好地保护和利用这一宝贵的自然资源。

3.2 湿地生态系统的功能

湿地生态系统是指在水文条件下,土壤湿润或浸泡,以及水生和湿生植物与动物相互作用的自然系统。湿地生态系统在自然界中具有丰富的生物多样性,被誉为"地球之肾",对于维持地球水文循环、净化水质、调节气候等方面具有重要作用,如图3-1所示。

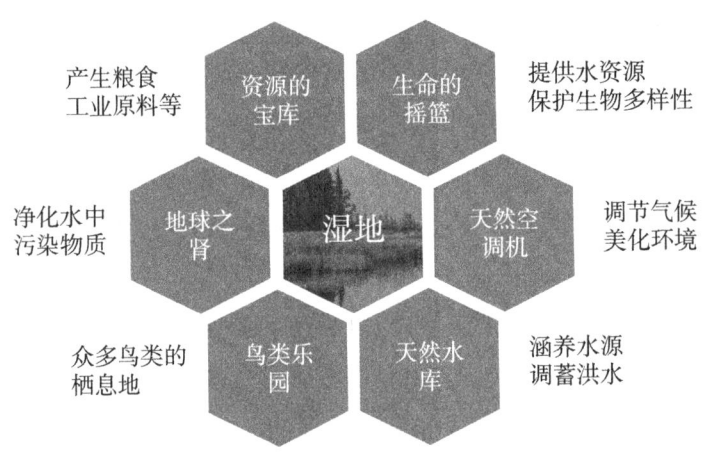

图3-1 湿地生态系统的功能

3.2.1 水资源调节

湿地生态系统在自然界中扮演着至关重要的角色,其中最为显著的功能之一就是水资源调节。湿地,作为自然界的"海绵",具有出色的储水和调水能力,对于维护区域水平衡、缓解水资源短缺问题以及降低洪水灾害风险具有不可替代的作用。

3.2.1.1 水资源储存

湿地通过其独特的土壤结构和植被类型,能够有效地储存大量的水分。在雨季,湿地能够吸收并暂时滞留多余的雨水,从而减缓地表径流的速度,增加水分下渗到地下的机会。这种储水功能不仅有助于补充地下水储量,还能在干旱季节为周边地区提供持续的水源供应。

3.2.1.2 水资源调节

湿地生态系统在调节水资源方面发挥着重要作用。在丰水期,湿地能够吸收多余的洪峰流量,减轻下游地区的防洪压力。而在枯水期,湿地则能够通过缓慢释放储存的水分,补充河流、湖泊等水体的水量,维持其基本的生态功能。这种调节作用对于维护区域生态系统的稳定性和连续性至关重要。

3.2.1.3 缓解水资源短缺问题

随着全球气候变化和人类活动的不断增加,水资源短缺问题日益严重。湿地作为天然的水库,能够在一定程度上缓解这一问题。通过保护和恢复湿地生态系统,可以有效地提高区域水资源的利用效率,满足农业、工业和生活用水等多方面的需求。

3.2.1.4 降低洪水灾害风险

湿地对于降低洪水灾害风险也具有重要意义。在暴雨和融雪等极端气候事件发生时,湿地能够通过吸收和储存大量水分来减缓洪水的形成和传播速度。这种自然的防洪功能不仅可以保护下游地区的人民生命财产安全,还能减少因洪水灾害而造成的巨大经济损失。

3.2.2 水质净化

湿地生态系统在自然界中拥有多重重要功能,其中最为显著的就是其在水质净化方面的作用。

3.2.2.1 湿地土壤的自然过滤与净化机制

湿地通过其独特的自然过滤机制,为水质净化提供了第一道防线。当水流经过湿地时,湿地中的土壤和植物根系会起到过滤作用,拦截并吸附水体中的悬浮物、重金属、有毒有害化学物质以及其他污染物。这一过程类似于自然界的筛子,将水中的杂质筛选出来,使水质得到初步净化。同时,湿地土壤中的矿物质和有机质也能与水中的某些污染物发生化学反应,进一步降低其毒性。这种自然过滤与净化机制是湿地生态系统独特而重要的功能之一。

3.2.2.2　湿地植物的吸收与转化作用

湿地植物在生长过程中,通过根系吸收并利用水体中的营养物质,如氮、磷等。这些营养物质是植物生长所必需的,但在过量的情况下会导致水体富营养化。通过植物的吸收作用,湿地可以有效地减少水体中的营养盐含量,从而防止水体的富营养化。此外,湿地植物还能将吸收的营养物质转化为自身生物量,通过收获植物体可以进一步去除水体中的污染物。这一过程不仅有助于改善水质,还能为湿地生态系统提供有机物质和能量。

3.2.2.3　湿地微生物的降解作用

湿地中富含大量的微生物,这些微生物在湿地生态系统的物质循环和能量流动中发挥着重要作用。它们能够分解并降解水体中的有机物质,将其转化为无机物质,供植物和其他生物再利用。在缺氧条件下,一些微生物还能通过厌氧呼吸将有机物质转化为甲烷等气体,进一步净化水质。微生物的降解作用是湿地生态系统水质净化功能的重要组成部分,对于维持湿地生态系统的健康和稳定具有重要意义。

3.2.3　气候调节

湿地中的植物能够吸收大量二氧化碳,减缓全球气候变暖;同时,湿地土壤中的微生物也能释放大量甲烷,对气候产生影响。

3.2.3.1　吸收二氧化碳,减缓气候变暖

湿地中的植物具有强大的光合作用能力,能够吸收并固定大气中的二氧化碳,这是导致全球气候变暖的主要温室气体之一。通过光合作用,湿地植物将二氧化碳转化为有机物质,同时释放氧气,为维持大气中的碳氧平衡做出贡献。这一过程不仅有助于减缓气候变暖的趋势,还能为湿地生态系统提供能量和物质基础。此外,湿地植物通过生长和繁殖,将固定的二氧化碳长期储存在生物量中,进一步增强了湿地的碳汇功能。因此,在应对全球气候变化的过程中,保护和恢复湿地生态系统对于减缓气候变暖具有重要

意义。

3.2.3.2 释放氧气，维持大气平衡

湿地植物在吸收二氧化碳的同时，通过光合作用释放大量氧气，为维持大气中的氧平衡做出贡献。氧气是地球生物生存所必需的，湿地生态系统的这一功能对于维持地球生物圈的稳定和繁荣具有重要意义。此外，湿地中的植物和微生物通过呼吸作用也会消耗一定的氧气，但总体上湿地的氧气释放量远大于消耗量，因此湿地仍然是一个重要的氧气源。

3.2.3.3 微生物活动对气候的影响

湿地土壤中的微生物在分解有机物质的过程中会释放甲烷等温室气体。尽管甲烷的温室效应比二氧化碳更强，但湿地土壤中的微生物活动同时也消耗了大量的氧气，有助于减缓大气中氧气的消耗速度。实际上，湿地中的甲烷排放受到多种因素的影响，如温度、湿度、土壤性质以及微生物种类等。因此，在评估湿地对气候的影响时，需要综合考虑各种因素的作用。同时，通过科学管理和合理利用湿地资源，可以有效控制甲烷等温室气体的排放，降低湿地对气候的负面影响。

3.2.3.4 湿地的水分循环与气候调节

湿地通过水分蒸发和植物蒸腾作用，将大量水分释放到大气中，有助于形成云层和降水。这一过程对于维持区域水分平衡和气候稳定具有重要作用。湿地的水分循环还能影响地表温度和湿度，进一步调节气候。例如，在炎热的夏季，湿地通过蒸发作用可以降低地表温度，形成凉爽的小气候；而在干燥的季节，湿地则可以通过提供水源和维持湿度来缓解干旱和沙尘暴等极端天气事件的影响。

3.2.4 生物多样性维护

湿地生态系统作为自然界中独特而重要的组成部分，为众多物种提供了生活、繁殖和越冬的场所，从而有效地维护了生物多样性。

3.2.4.1 提供生物栖息地

湿地生态系统以其独特的生态环境为众多生物提供了宝贵的栖息地。

湿地中的水域、沼泽、泥炭地等多种生境为不同种类的生物提供了适宜的生存条件。例如,湿地中的沼泽植物为水生昆虫、两栖动物等提供了食物和庇护所;泥炭地则是许多珍稀植物和特有动物的家园。这些生物在湿地中相互依存、共同演化,形成了复杂而稳定的生物群落。

3.2.4.2 支持生物繁殖

湿地生态系统为许多生物提供了理想的繁殖场所。许多水生动物和鸟类选择在湿地中筑巢、产卵,繁殖后代。湿地中的丰富食物资源和相对安全的环境为这些生物的繁殖提供了有力支持。同时,湿地中的植物也通过种子繁殖的方式不断繁衍,为湿地生态系统的持续发展奠定了基础。

3.2.4.3 保障生物越冬

湿地生态系统对于许多候鸟来说具有重要的越冬价值。在寒冷的冬季,湿地为候鸟提供了相对温暖的气候和丰富的食物资源。许多候鸟从遥远的北方迁徙到湿地中越冬,以躲避严寒和食物短缺。湿地中的植物残体、昆虫和小型鱼类等为这些候鸟提供了重要的能量来源,帮助它们度过严冬。

3.2.4.4 维护生物多样性

湿地生态系统通过提供栖息地、支持繁殖和保障越冬等多种方式,有效地维护了生物多样性。生物多样性是地球生命系统的基石,对于维持生态平衡和人类福祉具有重要意义。湿地作为生物多样性的重要储存库,为许多珍稀濒危物种提供了最后的庇护所。同时,湿地中的生物种类和数量也直接影响着湿地生态系统的稳定性和功能发挥。因此,保护湿地生态系统对于维护生物多样性至关重要。

3.2.5 社会经济效益

湿地生态系统具有较高的生态、社会和经济价值,可以提供水资源、旅游资源、药用资源等。

3.2.5.1 水资源

湿地,被誉为自然界的"绿色水库",其储水能力远超一般地表水体。这是由于湿地通过土壤与植被的蓄水作用,能够长期、稳定地储存大量淡水。在干旱季节或枯水期,这些水资源的重要性尤为突出,对补充河流、湖泊等水体水量,确保供水安全起到关键作用。

除此之外,湿地还具有卓越的净化水质功能。当水流经湿地时,湿地土壤与植物根系能够过滤、吸附和降解水中的有害物质,如重金属、农药残留等。与此同时,湿地内的微生物亦参与其中,通过分解有机物质进一步改善水质。因此,湿地所提供的水资源通常符合较高水质标准,适宜人类直接使用。

3.2.5.2 旅游资源

湿地拥有独特的自然景观和丰富的生物多样性,这些特点使其成为极具吸引力的旅游目的地。游客可以在湿地中观赏各种鸟类、水生动物和湿地植物,感受大自然的神奇和美丽。同时,湿地还提供了多种旅游活动项目,如划船、钓鱼、徒步旅行等。这些活动不仅可以满足游客的娱乐需求,还能为当地带来可观的经济收入。此外,湿地旅游还能促进当地特色文化的发展,如湿地文化节、水产美食节等,进一步丰富了旅游体验。

然而,湿地旅游的开发也面临着一些挑战。首先,湿地生态环境较为脆弱,过度开发和人类活动可能会对湿地生态系统造成破坏,影响湿地的生物多样性。因此,在开发湿地旅游时,必须充分考虑生态环境保护,采取措施减少人类活动对湿地的影响。例如,限制游客数量、设立生态保护区、加强环保宣传等。

其次,湿地旅游的季节性较强,受气候条件影响较大。在旅游旺季,游客数量的激增可能导致接待能力不足,影响旅游质量。为解决这一问题,旅游部门应提前规划,加强基础设施建设,提高接待能力。同时,开发多样化的旅游产品和线路,以吸引游客在不同季节前来游玩。

总之,湿地旅游具有广阔的市场前景,但开发过程中需注意生态环境保护,平衡经济发展与生态保护的关系。通过完善基础设施、丰富旅游产品和加强宣传推广等措施,提高湿地的竞争力和吸引力,使其成为可持续发展的旅游胜地。同时,湿地旅游还能促进地方文化传承和发展,为当地居民提供更多的就业机会,助力乡村振兴。在我国,湿地旅游的开发将有助于实现绿色发展、生态文明建设和乡村振兴等多重目标,具有重要的战略意义。

3.2.5.3 药用资源

湿地生态系统中的许多植物具有药用价值,这些植物在传统医学和现代药物研发中都发挥着重要作用。例如,一些湿地植物中的生物碱、黄酮类化合物等具有显著的抗炎、抗菌、抗肿瘤等药理作用,对于治疗多种疾病具有潜在的应用价值。同时,湿地植物中的天然色素、香精油等成分也被广泛应用于化妆品、保健品等领域。这些天然成分不仅安全无害,还具有独特的功效和优势。因此,湿地药用资源的开发利用对于推动生物医药产业的发展和促进人类健康具有重要意义。

3.3 我国湿地生态系统存在的主要问题

3.3.1 湿地面积萎缩

随着人类活动的不断扩张,湿地面积正在以前所未有的速度萎缩,这一现象对全球水循环和生态系统都产生了深远的影响。

首先,湿地大量丧失直接导致了淡水存蓄量的显著减少。以洞庭湖为例,作为中国最大的淡水湖之一,其库容损失高达 119 亿立方米。同样的情况也发生在鄱阳湖,这个曾经水量丰沛的湖泊现在损失了 80 亿立方米的库容。这些巨大的数字背后,是无数生态系统和依赖这些水源的生物面临的生存危机。

湿地的减少还进一步减少了地下水的补充。地下水是许多地区,尤其是干旱和半干旱地区的主要水源。湿地的丧失意味着这些地区的地下水储量无法得到有效的补充,从而加剧了水资源危机。这不仅影响了当地居民的生活用水,还可能对农业灌溉、工业生产和生态系统造成严重的后果。自 1949 年以来,我国湖北省平均每年有五个湖泊消失。这些湖泊的消失不仅改变了当地的地貌和景观,更为严重的是,它们带走了丰富的水资源和生态功能。湖泊数量的减少还导致局部气候的变化,如降水模式的改变和气温的上升等。以黑龙江三江平原的湿地为例,这个曾经水草丰茂、鸟类众多的地区,如今面临着87亿立方米地表水流失的严峻形势。这不仅对当地的生态系统产生了严重影响,也对整个流域的水资源安全构成了威胁。

3.3.2 生物多样性降低

随着湿地面积的萎缩,生物多样性也受到了严重影响。湿地是许多物种的栖息地和繁殖地,湿地生态系统的破坏意味着这些物种的生存环境遭到破坏,甚至可能导致物种灭绝。生物多样性作为衡量一个生态系统健康状况的重要指标,其降低不仅意味着生态系统功能的退化,还可能引发一系列连锁反应,对人类社会和自然环境造成深远影响。

首先,从珍稀濒危物种的角度来看,中国湿地生态系统中许多物种的数量正在不断减少。这些物种往往对生态环境有着特殊的要求,湿地的丧失和退化直接导致了它们栖息地和繁殖地的减少。例如,白鹤和黑鹳等国家一级保护动物,它们依赖湿地提供的食物资源和栖息环境。然而,随着湿地面积的缩减和水质的恶化,这些物种的生存空间受到了严重挤压,数量锐减,生存状况堪忧。

其次,物种多样性的降低幅度也是一个不容忽视的问题。据相关研究数据显示,中国部分湿地生态系统的物种多样性已经降低了约30%。这是一个惊人的数字,它直观地反映了生物多样性降低的严重性。物种多样性的降低意味着生态系统中的生物种类减少,这可能导致生态系统功能的减弱和稳定性的下降。因为不同的物种在生态系统中扮演着不同的角色,它们之间相互依存、相互制约,共同维持着生态系统的平衡。当物种多样性降低时,这种平衡就容易被打破,生态系统可能变得更加脆弱和敏感。

造成这一现状的原因是多方面的。一方面,自然因素如气候变化和自然灾害对湿地生态系统产生了一定的影响。但更为重要的原因是人为因素的作用。长期以来,人类活动对湿地生态系统造成了巨大的压力。围垦、城市化、水资源过度开发等人为活动导致湿地面积大幅减少,生态系统遭受严重破坏。另一方面,环境污染也是一个不容忽视的问题。工业废水、生活污水、农业化肥和农药等污染物的排放对湿地生态系统造成了严重污染,影响了生物的生存和繁殖。

为了应对这一严峻形势,中国已经采取了一系列措施来保护湿地生态系统和生物多样性。例如,加强湿地保护区的建设和管理、推进湿地恢复和修复工程、加强湿地生物多样性监测和评估等。这些措施的实施对于减缓生物多样性降低趋势、维护湿地生态系统健康具有重要意义。然而,湿地保护仍然面临着诸多挑战和困难,需要全社会的共同努力和持续投入。

3.3.3 湿地水资源的不合理利用

3.3.3.1 农业截水灌溉的无节制

农业作为人类生存的基础产业,对水资源的需求极大。然而,在一些地区,为了提高农作物产量,人们往往采用无节制的截水灌溉方式。这不仅导致湿地水源被大量抽取,还使得湿地生态系统中的水位急剧下降。

例如,在我国西北地区的甘肃省张掖市的一些农业灌区,自20世纪80年代以来,由于长期过度抽取地下水进行灌溉,导致湿地干涸、植被严重退化。原本水草丰茂的黑河流域湿地,在过去的几十年里逐渐变成了寸草不生的盐碱地。这种变化不仅使得湿地生态系统遭受了毁灭性的打击,还导致了许多野生动植物的栖息地丧失,生物多样性受到严重损害。这种无节制的农业截水灌溉方式,不仅严重破坏了湿地生态系统,还进一步加剧了西北地区水资源的短缺问题,对当地农业和生态环境造成了深远的影响。

又如,在20世纪末至21世纪初的加利福尼亚州中央谷地,农业灌溉长期依赖地下水。然而,自1990年代起,由于农业用水需求不断增加,地下水的抽取速度急剧上升。到了2010年前后,一些湿地因为地下水位急剧下降而干涸。图莱里湖在2000年左右开始干涸,到2010年已经完全失去了其作为湿地生态系统的功能。

3.3.3.2 工业用水的低效利用

工业用水在运用效率方面所暴露出的问题愈发显著。在一些发展中家,受制于技术与管理水平的约束,工业用水利用率普遍偏低。这种现象不仅导致珍贵水资源的浪费,还可能因未经处理的工业废水径直排入湿地,引发湿地水质遭受严重污染的风险。在中国东北的老工业基地,自20世纪50年代起,一些重工业企业便因设备陈旧、技术落后而导致工业用水效率低下。直至21世纪初,随着环保意识的提高,这些问题才逐渐暴露出来。例如,某钢铁厂在2005年因为废水排放问题被曝光,其未经处理的废水直接排入附近湿地,导致湿地中的鱼类在2000年至2010年间大量死亡,生态系统遭受严重破坏。

3.3.3.3 水利工程的影响

水利工程在调节水流、防洪抗旱等方面发挥着重要作用,但也可能对湿地生态系统造成不利影响。例如,埃及的阿斯旺大坝于20世纪60年代建成,它为埃及提供了重要的电力和灌溉水源。然而,自大坝建成后的几十年里,尼罗河下游的湿地逐渐出现退化现象。特别是在1980年代后,由于大坝对尼罗河洪水的完全拦截,下游湿地失去了周期性的洪水补给,导致湿地植被在随后的几十年里大幅退化,土壤盐碱化问题也日益严重。

长江流域的46 000座水坝在提供电力、航运等便利的同时,也阻断了鱼类等水生生物的迁徙路线,影响了湿地的生态连通性。以三峡大坝为例,该大坝的建设使得长江上游的水位抬升,形成了巨大的水库。虽然这在一定程度上缓解了下游地区的洪涝灾害,但也对上游湿地生态系统造成了严重影响。大坝的建设阻断了鱼类等水生生物的迁徙路线,导致一些物种数量锐减甚至灭绝。同时,水库的蓄水还可能导致湿地周边地区的地下水位上升,引发土壤盐碱化等问题。

3.3.3.4 生态用水的忽视

在水资源的分配和利用中,生态用水往往被忽视。生态用水是指维持生态系统正常功能所需的水量。在一些地区,由于缺乏对生态用水的考虑,湿地生态系统遭受了严重破坏。例如,沙雅地区的百万亩胡杨林因缺乏生态用水灌溉而濒临死亡,这不仅影响了当地的生态环境,还威胁到了生物多样性和生态平衡。又如黄河流域自20世纪50年代起,由于过度开发和利用水资源,黄河湿地的水源被大量截取用于农业灌溉和工业用水。到了21世纪初,黄河三角洲的黄河口湿地开始出现干涸现象。2000年左右,黄河口湿地因为缺乏生态用水而逐渐干涸,原本作为候鸟重要迁徙通道的该地区,鸟类数量在随后的几年里大幅减少,许多珍稀鸟类甚至在该地区消失。

3.3.4 湿地污染

近年来,湿地生态系统面临前所未有的污染挑战。主要污染源包括工农业废水、生活污水的不规范排放,长期过度围网养殖,以及外来物种入侵。这些污染因素相互交织,对湿地生态系统造成严重损害。工农业废水及生活污水排放将大量有害物质引入湿地,破坏了水体自净能力,导致水质恶化。长期过度围网养殖加剧了水生植物的过度利用,削弱了湿地的自然恢复能力,进一步降低水质。此外,外来物种如凤眼莲的暴发性繁殖,不仅改变了水生植物结构,还挤占了原生物种的生存空间,影响湿地生态平衡。这些污染不仅直接损害了湿地生物多样性,还影响了湿地水质净化功能,使得湿地这一自然界的"肾脏"逐渐丧失功能。因此,我们必须高度重视湿地污染问题,采取有效措施减少污染排放,加强湿地保护与管理,恢复和提升湿地生态系统健康水平。

洪湖,位于长江中游北岸,隶属于我国湖北省洪湖市和监利市,作为长江中游最重要的湖泊湿地生态系统,具有极高的生态价值。洪湖湿地自然保护区以洪湖围堤为界,主要保护对象为洪湖水生、陆生生物及其生境共同组成的湿地生态系统、未受污染的淡水资源和生物物种的多样性。然而,自20世纪50—70年代,一系列水利工程的修建阻隔了江湖自然连通,使洪湖转变为一个封闭型的淡水湖泊。20世纪90年代后,洪湖湿地进入大湖圈养时期,螃蟹养殖业兴起,至2004年,养殖面积已达251平方公里,占湖泊总面积的80%。过度利用水生植物导致其超过湖泊自身的生物承载力,从而使珍稀物种减少,外来物种入侵(如喜旱莲子草、凤眼莲)加剧,水质持续恶化。得益于社会人士的呼吁以及人民群众和政府决策者的支持,1996年成立了洪湖湿地自然保护区,2000年晋升为省级自然保护区,2008年列入《国际重要湿地名录》,2014年晋升为国家级自然保护区。2017年底,全湖围网养殖水域得以拆除,水生植物逐渐恢复。

3.3.5 海岸侵蚀不断扩展

滨海湿地是一种重要的湿地类型,广泛分布于沿海海陆交界、淡咸水交汇地带等陆海相互作用的敏感地带,是全球环境变化的缓冲区,也是人类活动最为频繁的地区。地形上包括泥炭沼泽、海滩、潮滩、潮沟、沙坝、沙洲、河口、三角洲、浅海、潟湖、红树林、珊瑚礁、海草床、海湾、海堤和海岛等。

以黄河三角洲为例,该地区位于海陆相互作用之下,呈现出典型的植被演替现象,生态系统相对脆弱。作为我国温带地区最年轻、面积增速迅猛、景观变化剧烈的滨海湿地,黄河三角洲还是东北亚内陆与西太平洋鸟类迁徙的关键中转站、越冬栖息地和繁殖地。在海岸侵蚀作用下,大面积的翅碱蓬群落被淹没,退化为裸露的滩地,而潮上带的柽柳被淹后枯死,退化为翅碱蓬群落或直接退化为裸滩地。反之,当海岸发生淤积,河流输送的营养物质增多,湿地面积及生物多样性增加,植被发生顺向演替。湿地生态系统结构越稳定,越能有效阻止海岸侵蚀等灾害的发生。

人类在滨海湿地的活动往往会对海岸自然演变模式及植被自然演替规律产生影响。例如,通过修建堤坝以抵御潮水侵袭,虽然在保护潮上湿地的同时,也阻隔了水分与养分的流动,改变了堤坝内外沉积物的理化性质,从而对湿地生态的自然演化规律产生影响。为满足经济发展需求,大量湿地被开发为农田、养殖池和盐田。同时,石油工业的发展、人工采砂以及工农业活动导致的水域污染使区域生态环境逐渐恶化,植被发生逆向演替。

尽管人类在开发过程中逐渐意识到环境破坏带来的威胁,因而推出了一系列湿地的生态修复措施,使湿地在一定程度上得到恢复,但景观生态多样性降低,景观趋于规则化和均匀化。人类的干扰和破坏导致黄河三角洲自然湿地面积不断萎缩,人工湿地面积迅速扩张,生态系统退化现象较为严重。

3.4 湿地生态系统的退化与恢复

3.4.1 研究湿地生态系统退化的重要性

湿地为众多生物提供了珍贵的栖息地,同时在调节气候、净化水质、蓄洪防旱及维护生物多样性等方面发挥着关键作用。然而,湿地生态系统由于水陆交错的特性,显得尤为脆弱。近年来,全球气候变化加剧、经济社会快速发展、人口持续增长以及环境污染日益严重,湿地正面临前所未有的挑战。湿地消失和退化已成为全球性环境问题。全世界共有湿地 $8.558 \times 10^8 \ hm^2$,占陆地总面积的 6.4%,自 1990 年以来,地球上近一半的湿地消失,这一数据令人警醒。

我国作为湿地资源丰富的国家之一,拥有约 $6.594 \times 10^7 \ hm^2$ 的湿地面积。但遗憾的是,受气候变化、农业发展、油田开采、城市扩张等因素影响,我国湿地生态系统也遭受了严重破坏。湿地面积大幅减少,生物多样性急剧丧失,生产力显著下降,生态功能严重退化。这些变化不仅影响湿地本身健康,还对周边生态环境和人类社会产生深远影响。

在此背景下,湿地生态系统的恢复显得尤为重要和紧迫。湿地恢复不仅意味着对受损生态系统的修补和重建,更是对全球生态安全的维护和人类可持续发展的保障。通过科学、合理的手段保护和开发现有湿地资源,整治和恢复已退化的湿地生态系统,不仅可以有效遏制湿地退化趋势,还能为生物多样性的保护和气候变化的应对提供有力支持。

3.4.2 湿地生态系统恢复的含义

3.4.2.1 关于湿地生态系统恢复的争议

我们先来区分两个术语"恢复"(restoration)与"修复"(rehabilitation)。"恢复"是一个系统返回到先前状态的行为,比如拆除路堤使河流淹没原来的湿地,重新建造一个湿润的草原。而"修复"是对现有的湿地做出特定的改变,以改进一项或多项服务功能,比如清除湿地生态系统中的香蒲斑块,为鸭子和涉禽构建了开阔的水面。

一般认为湿地生态系统目前的状态是由原始状态退化而来,那么要"恢复",就有三种选择:

(1)将湿地转变为另外一种生态系统;

(2)选择性地恢复系统的一些属性;

(3)将湿地恢复到原始状态。

显然,湿地生态系统的恢复,可以是三种选择中的任意一种。部分学者认为,第一种选择实质上是"改造",即针对受损湿地生态系统进行替代性重建。第二种选择则倾向于"修复"。而实现第三种选择,需对湿地生态系统的原始状态有充分了解,明确样地的原始特征。因此在探讨湿地生态系统恢复内涵时,需明确恢复目标,愈精确愈好。例如,"构建一个由特定植物物种组成,并能满足特定动物物种生境需求的湿地"之目标,显然优于"营造一个优质湿地"之目标。

3.4.2.2 以长江为例,探讨"湿地生态系统恢复的含义"

(1)案例:

长江,作为全球第三大河流,发源于海拔超过5000 m的青藏高原唐古拉山脉,全长约6300 km,流域面积覆盖180万平方千米。长江源头拥有全球高海拔湿地之大者——若尔盖湿地,涵盖60万公顷的泥炭沼泽、草本沼泽及草甸。从源头的若尔盖湿地、途中穿越的两大淡水湖到河口的三角洲,长江不仅承载着丰富的水资源,还孕育了广阔的湿地生态系统,对于维护生物多样性、调节气候、净化水质等方面发挥着至关重要的作用。

然而,长江湿地也面临着人类活动的巨大压力。随着流域内人口的不断增长和经济发展的需求,湿地被大规模开垦为农业用地,导致湖泊面积缩小、洪水容纳能力下降。洞庭湖和鄱阳湖两大淡水湖更是遭受了严重的围垦影响,生物多样性受到威胁,生态系统功能退化。

逾4亿人口居住于该流域内,较之美国全体人口更为众多。此流域已支撑人类文明千年之久。早在南北朝时期的宋国,人们便开始将湿地转化为农业用地。新中国成立后,围垦工程更是达到前所未有的规模。1950年至1980年,长江沿岸1.2万平方千米的湖泊和湿地被开垦。长江流域内包含中国两大淡水湖:洞庭湖与鄱阳湖。同样,长江也面临各国大型水利工程(如三峡大坝)所共有的问题。

两大淡水湖生物多样性丰富,包括约300种鸟类、200种鱼类、90种爬行动物及60种两栖动物。白鳍豚、扬子鳄、中华鲟、白枕鹤等均为值得关注的物种。湖泊水位波动显著,夏季汛期,草本沼泽变为水域,村庄变为小岛。厄尔尼诺现象引发洪水,湖泊周边大面积湿地被转化为农田。围垦导致湖泊洪水容纳能力降低,洪水水位上升,1998年发生特大洪水。1929年至1970年,洞庭湖湿地转化为农田的速度较快。因此,世界自然基金会将其列为重点保护对象,力求将其恢复至20世纪50年代规模,即4350平方千米。以1975年在洞庭湖边建设的圩垸为例,该工程耗时约100万个工作日,动用3万劳动力,将11平方千米湖泊转化为农业用地。尽管圩垸土壤肥沃,但维护河堤成本高昂,农业回报(如水稻)实则微薄。2003年堤坝被打开,土地再次被淹没,5700人需搬迁,部分人转至其他圩垸劳作或在新淹没区捕鱼。该区域位于牟平湖自然保护区内,众多水鸟已重返家园。

(2)分析:

长江湿地恢复实践为我们提供了珍贵的启示,湿地生态系统恢复不仅是自然环境的修复,更是对人类文明的反思与重塑。通过湿地恢复,重构人与自然的关系,实现和谐共生,为未来可持续发展奠定坚实基础。湿地生态系统的恢复并非仅限于修复受损湿地,而是涵盖湿地生态系统整体功能、生物多样性和可持续性的全面恢复。在案例中我们看到需要实施退耕还湖、生态补水、植被恢复等综合性措施,才有可能实现对湿地自然状态的重塑。

长江湿地恢复实践,也揭示了人类与自然之间的互动关系。围垦工程暂停、堤坝打开及自然保护区设立,均为人类为恢复湿地生态系统所付出的努力。这些实践不仅有助于恢复湿地生态功能,还为当地居民提供可持续生计方式,实现人与自然和谐共生。

3.4.3 湿地生态系统恢复的模式与措施

3.4.3.1 湿地恢复的基本模式

湿地生态系统的恢复工作至关重要,它涉及自然环境的保护和生物多样性的维护。根据湿地退化的不同程度和具体条件,恢复工作主要采用以下两种模式,并有相应的恢复措施,见表3-2。

表3-2 湿地恢复的基本模式

恢复模式	恢复过程	适用条件	恢复内容	模式特点
被动恢复	消除导致湿地退化或消失的威胁因素,通过自然过程恢复湿地的功能和价值	当已退化的湿地仍保持湿地的基本特征,且导致湿地退化的因素能够被消除时,被动恢复是最佳的恢复模式	稳定的能够获取的水源、最大限度地接近湿地动植物种源地	该模式的优势在于低成本以及恢复的湿地与周围景观的高度协调一致
主动恢复	人类直接控制湿地恢复的过程,以修复、重建或改进生态系统	当一个湿地严重退化,或者只有通过湿地建造和最大程度的改进才能完成预定的目标时,主动恢复是最佳的恢复模式	包括改造恢复区的地形,通过工程措施改变湿地水文特征,种植植物,引入适于本地的物种	缺点是湿地恢复的规划、设计、建设、管理的时间和经费投入较大

(1)被动恢复。当湿地退化程度较轻,且导致退化的威胁因素能够被消除时,被动恢复是首选模式。这种模式主要依赖于自然过程,通过消除威胁因素,使湿地逐步恢复其原有的功能和价值。被动恢复的优势在于低成本和与周围景观的高度协调一致。

(2)主动恢复。对于严重退化的湿地或需要通过湿地建造和改进来实现恢复目标的情况,主动恢复是更合适的模式。主动恢复涉及人类直接控制湿地恢复的过程,包括改造恢复区的地形、改变湿地水文特征、种植植物和引入适于本地的物种等。虽然主动恢复在时间和经费上的投入较大,但它对于修复、重建或改进生态系统具有重要意义。

3.4.3.2 湿地恢复的关键措施

湿地生态系统的恢复是一项复杂而艰巨的任务,需要综合考虑多种因素,选择合适的恢复模式和采取有效的恢复措施。在湿地恢复的实践中,根据湿地的类型、退化程度和恢复目标,可采取以下恢复措施。

(1)地形改造。通过精心的工程设计和施工,调整湿地的地形结构,以优化水文条件,促进水资源的合理分布和循环。这包括挖掘沟渠、填埋低洼地、构筑堤坝等,旨在重塑湿地的自然形态。

(2)土壤基质恢复。土壤是湿地生态系统的基石,其质量直接影响着植被的生长和生物群落的稳定。因此,恢复土壤基质成为湿地恢复的重中之重。这包括改善土壤的通透性、提高有机质含量、恢复微生物活性等,以营造适宜植被生长的土壤环境。

(3)植被恢复。植被作为湿地生态系统的主体,对于维护湿地的生态功能具有至关重要的作用。植被恢复不仅包括种植本地适生植物,更强调恢复植被群落的多样性和稳定性。通过科学选种、合理密植、后期养护等措施,逐步建立起健康、稳定的植被体系。

(4)栖息地保护与生境改善。湿地是众多野生动植物的大然栖息地,保护这些栖息地并改善其生境质量是湿地恢复的重要目标。这包括划定保护区域、减少人为干扰、恢复湿地植被和水文条件等,为湿地生物提供安全、舒适的生存环境。

3.4.4 湿地生态系统恢复的理论基础

湿地恢复与重建作为环境生态工程领域的一个重要分支,其科学理论的研究仍处于不断发展和完善的过程中。由于湿地生态系统的复杂性和多样性,以及各地自然环境的巨大差异,湿地恢复与重建的指导原则必须因时因地制宜。目前,湿地生态系统恢复的理论基础包括干扰理论、演替理论、

HGM 原理与方法、系统理论、边缘效应理论以及自我设计和设计理论等。

（1）干扰理论。干扰是指对生态系统结构和功能产生负面影响的事件或过程。在湿地生态系统中，人类活动是最主要的干扰因素，导致系统结构的紊乱和功能的减弱与破坏。根据干扰理论，通过消除或减轻人类活动的干扰压力，并在适宜的管理方式下，湿地生态系统有可能实现恢复。

（2）演替理论。演替是指生态系统在时间和空间上由简单到复杂、由低级到高级的发展过程。在湿地恢复中，演替理论强调湿地生态系统具有自我恢复的能力。只要消除干扰因素，提供适宜的条件，湿地生态系统可以通过自然演替过程逐步恢复到受损前的状态。

（3）HGM 原理与方法。HGM（hydro-geomorphological methods）原理与方法强调湿地恢复应基于水文学和地貌学的原理，通过模拟自然过程来重建湿地的结构和功能。这包括恢复湿地的水文条件、地形地貌以及植被群落等，以实现湿地的自然恢复和重建。

（4）系统理论。系统理论将湿地生态系统看作一个整体，注重系统内各组成部分之间的相互作用和关联。在湿地恢复中，系统理论要求综合考虑湿地的水文、土壤、植被等多个要素，采取综合措施来恢复湿地生态系统的结构和功能。

（5）边缘效应理论。边缘效应理论指出，在两个或多个不同生态系统的交界处，由于环境条件的特殊性，生物多样性和生产力往往较高。在湿地恢复中，可以利用边缘效应理论来优化湿地的空间布局，提高恢复效果。

（6）自我设计和设计理论。自我设计理论强调湿地生态系统具有自我组织和自我修复的能力，而设计理论则注重通过人为干预来加速湿地恢复进程。在实际应用中，应根据湿地退化的程度和类型，合理结合自我设计和设计理论，制定科学的恢复策略。

这些理论相互补充、相互支持，共同构成了湿地生态系统恢复的理论基础，为湿地恢复提供了重要的指导思想和方法论基础。在实际的湿地恢复工作中，应根据具体情况选择合适的理论作为指导，并制定相应的恢复策略和措施。同时，应注重各种理论之间的融合与互补，形成更加完善和有效的湿地恢复理论体系和实践方法。本书以湖滨湿地为例，着重对"中度干扰和边缘效应理论"以及"演替理论"进行分析。

3.4.4.1 中度干扰和边缘效应理论

湖滨湿地,这一特殊的生态环境位于水陆之间,由于其位置的特殊性,常常受到水位波动的影响。这种环境特性使得湖滨湿地成为检验边缘效应理论和中度干扰理论的理想场所,这两个理论为我们理解和保护这一脆弱而珍贵的生态系统提供了重要的理论支撑。

边缘效应理论认为,在两个不同生境的交汇处,由于环境异质性的增加,会导致物种多样性的提高。湖滨湿地正是这种交汇地带的典型代表,其潮湿、部分水淹或全淹的生境为多种生物提供了适宜的生存条件。这种生境在生物地球化学循环过程中扮演了源、库和转运者的三重角色,使得湖滨湿地的生产力相较于单纯的陆地和水体要高。

中度干扰理论,又称为"中度干扰假说",是由 Connell 在 1978 年提出的。这一理论认为,频度和强度适中的干扰有利于维持群落的物种多样性。具体而言,两次干扰之间的时间间隔应足够长,以使群落得以恢复;同时,干扰的强度又不能过大,以免造成对群落的过度破坏。Connell 的预测是,在受到中度干扰时,群落的物种多样性将达到最高,结构也将最为复杂。

这种中等程度的干扰之所以能维持高多样性,主要有以下几个原因:首先,在一次干扰后,少数先锋种会入侵空的生态位。如果干扰过于频繁,这些先锋种将无法发展到演替中期,从而导致多样性较低。其次,如果干扰的间隔期过长,群落将有机会发展到顶级阶段,此时多样性同样会较低。最后,只有中等程度的干扰才能将多样性维持在最高水平,因为它既为物种的入侵和定居提供了机会,又避免了群落的过度破坏。

3.4.4.2 演替理论

演替,作为生态学中的一个核心概念,描述的是植被在受到某种干扰后的自然恢复过程,或者是在从未有过植被生长的地点上,植物群落的逐渐形成和发展过程。这一理论为我们理解自然生态系统的动态变化提供了重要的视角。

以水生群落的演替为例,其过程通常包括六个鲜明的阶段:从最初的自由漂浮植物阶段到沉水植物阶段,再到浮叶根生植物阶段和挺水植物阶段,随后进入湿生草本植物阶段,最终可能演变为木本植物阶段。这一系列的演替过程不仅揭示了植被群落的逐步变化和生态环境的逐步改善,也反映了生物群落对于环境变化的适应和响应。

(1)自由漂浮植物阶段。主要表现为有机质的沉积。由于沿岸植物深入到池中,池中的浮游植物和其他生物的生命活动所产生的有机物在池底沉积起来,天长日久,使湖底逐渐抬高。

(2)沉水植物阶段。在水深5~7 m处,出现的沉水的轮藻属(*Chara*)植物,构成湖底裸地上的先锋植物群落。由于它的生长,湖底有机质积累较快而多,同时它们的残体分解不完全,湖底进一步抬高。继而金鱼藻(*Ceratophyllum*)、狐尾藻(*Myriophyllum*)等高等水生植物种类出现,它们生长繁殖能力强,垫高湖底的作用能力更强。鱼类等典型的水生动物减少,而两栖类和水蛭等动物增多。

(3)浮叶根生植物阶段。随着湖底变浅,浮叶根生植物出现,如眼子菜属(*potamogeton*)、睡莲属(*nymphaea*)、荇菜属(*nymphoides*)等。它们的宽阔叶子在水面上形成连续不断覆盖,使得光照条件不利于沉水植物。这些植物死亡的组织具有较丰富的物质,腐败较缓慢,加速池底的抬高过程。

(4)挺水植物阶段。水体继续变浅,挺水植物如芦苇(*Phragmites*)、香蒲(*Typha*)等的出现,它们根茎极为茂密,常纠结在一起,不仅使池底迅速抬高,而且还可以形成一些浮岛,开始出现一些陆生环境的特征。这一阶段鱼类进一步减少,而两栖类和水生昆虫进一步增加。

(5)湿生草本植物阶段。湖水中升起的地面,含有极丰富的有机质,土壤水分近于饱和。湿生的沼泽植物开始生长,如莎草(*cyperus*)、苔草(*carex*)等属的一些种类组成。由于地面蒸发和地下水位下降,土壤很快变得干燥,湿生草类很快为旱生草类所代替。

(6)木本植物阶段。在湿生草本植物群落中,首先出现湿性灌木,继而乔木侵入逐渐形成森林。原有的湿生生境,逐渐改变为中生生境。群落内的动物种类也逐渐增多,脊椎动物和无脊椎动物,以及微生物等均有分布,尤其是大型兽类,以森林为隐蔽所,赖以生存和繁衍。

值得注意的是,各个演替阶段均为确保下一阶段顺利发生而奠定基础。这种循序渐进、有序的群落演变,体现出生态系统自我修复与完善的能力。然而,人类活动与环境变化等因素可能对这一自然进程产生干扰,引发群落结构变化及生态环境退化。在湖滨湿地生态恢复过程中,演替理论发挥着至关重要的指导作用。为确保群落结构免受不利影响,我们需借助各类人为管理措施来引导和调控演替过程。例如,通过调整水位、改善土壤条件、种植适宜植物等方式,可稳定湿地生态系统于特定演替阶段,避免不利发展。此外,演替理论亦提醒我们,在开展生态恢复与环境保护工作时,须充分认识到自然生态系统的动态性与复杂性。我们不应简单地期望通过一次性修复措施解决所有问题,而是要持续、动态地调整管理策略,以适应生态系统的不断变化。

3.5 人工湿地生态系统

3.5.1 人工湿地的定义

3.5.1.1 概念的起源与演进

回溯历史深处,我们发现人工湿地的理念竟与古代文明息息相关。在缺乏现代科技的古代,中国和埃及的先民已巧妙地运用湿地原理于水处理和农业灌溉之中。这些原始的湿地应用,虽未冠以"人工湿地"之名,却已蕴含着其核心理念。时光荏苒,人工湿地这一术语在近现代逐渐明晰。1904年,澳大利亚的 Brian Mackney 发表了一篇具有里程碑意义的文章,首次对人工湿地进行了公开探讨。这篇文章如同一把钥匙,开启了人工湿地研究与应用的大门。

3.5.1.2 人工湿地的现代诠释

当我们谈论人工湿地时,我们指的是什么呢?简而言之,它是一种人类智慧的结晶,通过设计和建设,模拟自然湿地的神奇结构和功能。人工湿地不仅是一个污水处理的卓越工具,更是一个集水分调节、生物多样性维护及生态景观提供等多重功能于一身的生态系统工程。

想象一下这样一个场景：一个人工筑成的水池或沟槽，底部铺设着坚固的防渗漏隔水层，其上充填着精心选择的基质层。而在这基质层之上，生长着各种特定的水生植物。这些植物并非随意种植，而是经过精心挑选，以利用其独特的生物特性。当污水流入这个系统时，基质、植物和微生物便共同发挥作用，通过物理、化学和生物的三重协同作用，将污水中的污染物一一去除，最终释放出清澈的水流。

但这还不是人工湿地的全部。通过常年或周期性的水分管理，人工湿地创造了一个独特的兼气性环境，既不同于纯粹的水生生态系统，也不同于干燥的陆地生态系统。这种环境为绿色高等水生或湿生植物提供了理想的生长条件，使得它们能够在这里繁衍生息，进一步增强了湿地的生态功能。如此看来，人工湿地不仅是对自然湿地的一种模拟和再现，更是对其功能的一种优化和扩展。

3.5.1.3 人工湿地的概念

人工湿地是一种由人工建造和控制运行的与沼泽地类似的地面，它利用自然功能的植被、土壤和生物来处理废水。这种技术通过模拟自然湿地，人为设计与建造由饱和基质、挺水植物与沉水植物、动物和水体组成的复合体，并通过物理、化学和生物的协同作用，实现对污水的有效处理和净化。人工湿地不仅具有污水处理的功能，还能调节区域水分循环，维护生物多样性，并提供生态景观。因此，人工湿地是一种集成了自然湿地的生态智慧和人类的科技创新能力的生态工程系统。

3.5.1.4 人工湿地与天然湿地的差异

人工湿地和天然湿地虽然都是湿地类型，但在形成方式、结构特点以及功能表现上存在着显著的差异。人工湿地是人类为了满足特定需求而进行的有意识的设计和建设，具有较强的针对性和可控性；而天然湿地则是大自然长时间演化的结果，具有复杂多样的结构和多种生态功能。在实际应用中，人工湿地可以作为天然湿地的一种补充和替代方案，为环境保护和生态修复提供一种有效的解决方案。

(1)形成方式的差异。

天然湿地：天然湿地的形成是大自然长时间演化的结果，通常与地理位置、气候条件、土壤类型和水文过程密切相关。这些自然因素共同作用，形成了河流、湖泊、沼泽、滩涂等多样化的湿地类型。天然湿地的形成过程缓慢而复杂，往往需要数百甚至数千年的时间。

人工湿地：相比之下，人工湿地的形成则是人类为了满足特定需求而进行的有意识的设计和建设。人工湿地可以在相对较短的时间内建成，并且可以根据实际需求进行定制和优化。例如，为了处理城市污水，人们可以设计和建设具有特定尺寸、形状和植物配置的人工湿地。

(2)结构特点的差异。

天然湿地：天然湿地的结构复杂多样，包括河流、湖泊、沼泽、滩涂等多种类型。这些湿地类型在结构上各具特色，例如河流湿地通常呈线性分布，具有明确的流向和流速；湖泊湿地则呈面状分布，水深和底质类型多样；沼泽湿地则通常由草本植物和泥炭土组成，具有较浅的水深和丰富的生物多样性。

人工湿地：人工湿地的结构相对简单，通常是由水池、沟槽、基质层和水生植物等构成。这些构成要素通过人为的设计和建设组合在一起，形成一个相对封闭的水处理系统。人工湿地的结构可以根据实际需求进行调整和优化，例如增加或减少水池的深度、调整基质层的厚度和组成、选择特定的水生植物等。

(3)功能表现的差异。

天然湿地：天然湿地具有多种生态功能，包括调节水分、净化水质、维护生物多样性、提供生态景观等。这些功能是通过湿地内部的物理、化学和生物过程共同实现的。然而，天然湿地的功能表现受到自然环境和人类活动的共同影响，有时可能会出现功能退化或丧失的情况。

人工湿地：人工湿地在功能表现上具有较强的针对性和可控性。通过合理的设计和管理，人工湿地可以有效地处理生活污水、工业废水等，去除其中的污染物，提高水质。同时，人工湿地还可以通过植物的选择和配置来优化湿地的生态功能，例如选择具有净化功能的植物种类、配置合理的植物群落等。此外，人工湿地还可以根据实际需求进行定制和优化，例如增加曝气装置、调整水流速度等,以提高污水处理效果和生态功能表现。

3.5.2 人工湿地的构成

人工湿地是由基质、植物、微生物及布水系统四部分构成的。基质,主要包括沙砾、碎石或土壤,承担支撑高等植物的作用,其表面覆盖着生物膜,内部则布满了植物根系,这是人工湿地在净化污水过程中发挥主要作用的部分。高等植物则主要由维管束植物构成。微生物及微型生物主要包括植物根系周围的区系微生物、基质表面的生物膜及周边的微生物,涵盖了细菌、原生动物、次生动物、浮游植物、浮游动物等种类。布水系统在避免人工湿地堵塞方面起到了关键作用,同时也提升了人工湿地的处理效能。

3.5.2.1 基质

人工湿地作为一种模拟自然湿地净化功能的生态工程技术,其核心组成部分便是基质。基质通常由沙、碎石、土壤、矿渣等具有多孔性、大比表面积和良好吸附性能的天然或人工材料构成。在污水处理过程中,基质发挥着拦截和吸附悬浮物、有机物和重金属等污染物的重要作用,同时也是微生物和植物生长的关键载体。

针对不同类型的污染物,基质的选用也有所不同。对于以悬浮物(SS)、生化需氧量(BOD_5)和化学需氧量(COD)为主要特征的污水,考虑到停留时间、占地面积和出水水质要求,我们常选用细沙、粗砂、砾石、灰渣等作为基质材料。这些材料不仅过滤性能良好,能有效拦截悬浮物,而且其多孔性和大比表面积为微生物提供了丰富的附着介质,促进了污染物的生物降解。

若以去除磷(P)为主要目标,则更倾向于选择方解石、大理石或富含Ca^{2+}、Fe^{2+}、Al^{3+}等离子的矿石作为基质。这些基质能与磷发生化学反应,形成不溶性磷酸盐沉淀,从而有效去除磷。但需要注意的是,植物对无机磷的吸收能力有限,通常只能吸收8%~16%的无机磷,因此基质对磷的吸附沉淀作用在除磷过程中占据主导地位。随着基质对磷的吸附逐渐趋于饱和,其除磷效率会明显下降,这时可能需要考虑更换基质或采取其他除磷措施。

在选择基质时,除了考虑其材料类型外,粒径尺寸也是一个重要因素。

理想的基质粒径应既能提供足够的比表面积以支持微生物的生长和繁殖，又能保证良好的水力传导性能，防止湿地床体因堵塞而过早失效。为了实现这一目标，我们可以根据实际需要选择不同粒径的基质材料进行组合搭配，形成多层次的基质结构。这样不仅可以提高人工湿地的处理效率，还能延长其使用寿命。

合理选择和设计基质材料对于提高人工湿地的处理效果、保障生态安全具有重要意义。在实际应用中，我们需要根据污水的性质和处理目标来选择合适的基质材料和粒径尺寸，以充分发挥人工湿地在污水处理中的优势和作用。人工湿地填料类型见图3-2。

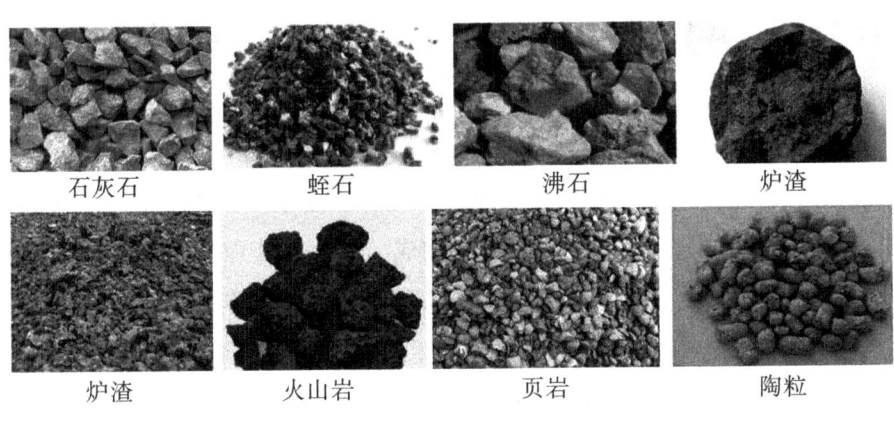

图3-2　人工湿地填料类型

3.5.2.2　植物

植物是人工湿地中不可或缺的一部分，它们在污水处理过程中扮演着重要角色，同时还为湿地生态系统带来多种生态和环境效益。植物在人工湿地中的详细功能和作用具体如下：

（1）水流调节与颗粒物拦截。植物通过其枝叶和根系的生长，有效减缓水流速度，使得水流在湿地内部更加均匀分布。这种作用有助于颗粒物在水中的沉降，因为较慢的水流速度给予了颗粒物更多的时间和机会与水中的其他物质进行接触和结合，从而沉降到底部。同时，植物根系的存在也增加了水流的曲折性，进一步提高了颗粒物的拦截效率。

（2）床体稳定与防堵塞。植物的根系在湿地床体中形成了一个密集的网络,这些根系深入基质内部,有效稳固了床体表面,减少了水流冲刷引起的侵蚀和床体材料的流失。此外,根系在生长过程中会分泌一些有机物质,这些物质在降解过程中有助于缓解床体的堵塞问题。因为有机物质的降解会产生一些气体,这些气体在逸出时会带走一部分堵塞物质,从而保持床体的通透性。

(3)水力传导性改善。植物根系的生长和活动有助于松动基质,改善土壤结构,提高湿地床体的水力传导性能。根系的生长会穿透基质中的孔隙,增加基质的连通性,使得水流更容易通过。同时,根系在生长过程中也会分泌一些物质,这些物质有助于土壤颗粒之间的黏结和团聚,进一步改善土壤的结构和传导性能。

(4)微生物附着与生物降解。植物的茎叶和根系为微生物提供了大量的附着界面。这些微生物通过附着在植物体表和根系上,形成生物膜,进而降解污水中的有机物、氮、磷、重金属等污染物。植物根系释放的有机物和氧气为微生物的生长和代谢提供了必要的营养和条件,促进了微生物的繁殖和活性。此外,植物根系还能够分泌一些促进微生物生长和代谢的物质,如酶和生长因子等,进一步提高了微生物的降解效率。植物对重金属的积累作用见图3-3。

植物名称	图片	累积重金属元素	植物名称	图片	累积重金属元素
李氏禾 (Cutgrass)		Cr	宝山堇菜 (Viola baoshanensis)		Cd
东南景天 (Sedun alfredii ance)		Zn	壶瓶碎米荠 (Cardamine hupingshanensis)		Se
蜈蚣草 (Pteris viuata L.)		As	遏蓝菜 (Thlaspi caerulescens)		Zn、Cd
大叶井口边草 (Pteris cretica)		As	香根草 (Vetiver)		Zn
商陆 (Phytolacca acinosa Roxb)		Mn	芥菜 (Brassica juncea)		Pb、Cd、Zn等

图3-3 植物对重金属的累积作用

(5) 直接吸收与利用。植物能够直接吸收污水中的氮、磷等营养物质,通过同化作用将这些元素转化为自身生物量。这个过程不仅去除了污水中的营养物质,还促进了植物的生长和生物量的积累。植物在生长过程中会不断吸收和利用这些营养物质,将其转化为自身的组织成分,如蛋白质、核酸等。这些生物量在湿地中逐渐积累,最终形成一个庞大的生物量库,为湿地生态系统的稳定和持续发展提供了重要支持。

(6) 根系释氧与环境改变。植物根系在生长过程中会释放氧气到根际环境中,从而改变根系周围的氧化还原状态。这种变化有利于好氧微生物的生长和活动,促进有机物的降解和硝化作用的进行。同时,根系释氧还能够改善湿地床体内部的缺氧环境,提高污染物的去除效率。因为缺氧环境会限制一些微生物的生长和活动,而根系释氧能够增加湿地床体内部的氧气含量,使得更多的微生物能够参与污染物的降解过程。

(7) 生态美学与生物多样性。人工湿地中的植物不仅具有污水处理功能,还能够为野生动物提供栖息和繁殖的环境。湿地植物通过提供食物来源、筑巢场所和隐蔽空间等,为鸟类、昆虫和其他动物创造了适宜的生存环境。这些动物在湿地中形成了一个复杂的食物链和生态系统,增加了生物多样性和生态稳定性。此外,湿地植物还具有观赏价值,它们的花朵、叶片和果实等形态各异、色彩斑斓,为城市景观增添了一抹亮色,提升了人们的生活质量和幸福感。

3.5.2.3 微生物

人工湿地作为一个复杂的生态系统,其内部生物群落丰富多样,其中微生物是不可或缺的重要组成部分。湿地微生物主要包括菌类、藻类、原生动物和病毒等,它们在污水处理过程中发挥着至关重要的作用。具体来说:

(1) 氮的降解。湿地微生物通过硝化和反硝化过程,能够降解大部分的氮。硝化作用是由一系列好氧自养型微生物完成的,它们将氨氮转化为硝酸盐氮。而反硝化作用则是在缺氧条件下,由反硝化细菌将硝酸盐氮还原为氮气,进一步去除污水中的氮。

(2) 有机物与硫化物的分解。有机物是污水中的主要污染物之一,微生物通过自身的代谢活动,能够将复杂的有机物分解为简单的无机物,如二氧化碳和水,从而降低了污水中有机物的浓度。此外,一些特殊的微生物还能将硫化物转化为硫酸盐或硫,减少了硫化物对环境和生物的毒害。

(3)高分子聚合物的分泌与重金属的吸附。湿地微生物能分泌高分子聚合物,这些聚合物具有吸附作用和络合重金属的能力。这种特性使得微生物在去除污水中的重金属离子方面发挥着重要作用,有助于减少重金属对生态环境的潜在风险。

(4)营养元素与重金属元素的吸收。湿地微生物还能吸收一些营养元素和重金属元素,这些元素对于微生物的生长和繁殖是必需的。通过吸收作用,微生物能够将这些元素固定在体内,从而降低了污水中这些元素的含量,同时也为自身提供了所需的营养物质。

3.5.2.4 布水系统

在人工湿地污水处理技术中,布水系统是一个至关重要的组成部分。它的主要任务是将待处理的污水均匀地分布到湿地床体中,确保床体内的生物降解过程能够高效且稳定地进行。布水系统的设计和性能不仅直接关系到湿地的处理效果,还影响到湿地的长期运行和维护。

(1)均匀布水。均匀布水是布水系统的首要任务。为了实现这一目标,布水系统通常采用一系列的管道、喷嘴、堰板等组件,确保污水能够均匀地喷洒或流入湿地床体。这种均匀的布水模式有助于植物根系均匀吸收营养物质,促进微生物在床体内的均匀分布和活性,从而提高污染物的降解效率。

(2)优化水力传导。布水系统的设计还需考虑水力传导性能。通过合理的管道布局、喷嘴选型和水流速度控制,布水系统能够优化湿地床体内的水力条件,减少水流阻滞和死角现象。这不仅有助于污水在床体内的顺畅流动,还能提高床体的有效容积利用率,进一步提升湿地的处理效果。

(3)防止短流现象。短流现象是湿地处理中常见的问题之一,它指的是部分污水未经充分处理就直接流出湿地床体。布水系统通过合理的设计布局,如设置挡板、调整水流方向等,能够有效防止短流现象的发生。这种设计确保了污水在床体内有足够的停留时间,与床体中的微生物和植物根系充分接触,从而达到更好的降解效果。

(4)节能与降耗。节能与降耗是布水系统设计中不可忽视的方面。为了实现这一目标,布水系统通常采用节能型的水泵和喷嘴设备,降低水流的加药量和速度,从而减少能耗和运行成本。此外,通过优化管道布局和减少加药量等措施,还能进一步降低湿地系统的整体能耗。

(5)易于维护与检修。长期运行的湿地系统需要定期进行维护和检修。布水系统的设计考虑到了这一需求,采用模块化、标准化的设计理念,使得系统的各个部件易于更换和维修。同时,合理的结构设计也便于日常的检查、清洁和维修工作。这不仅降低了维护成本,还提高了湿地系统的可靠性和稳定性。

(6)抗堵塞性能。湿地床体中的生物降解过程可能产生各种悬浮物和沉淀物,这些物质有可能堵塞布水系统的管道和喷嘴。因此,布水系统特别注重抗堵塞性能的设计。采用大口径的管道、防堵塞的喷嘴和过滤器等组件,有效预防了堵塞现象的发生。同时,合理的管道布局和水流速度控制也有助于减少堵塞的风险。这种设计不仅保证了布水系统的长期稳定运行,还降低了维护成本和停机时间。

3.5.3 人工湿地污水处理系统的类型

表面流湿地和潜流湿地是人工湿地系统中的两种主要类型,它们在处理污水和净化水质方面各具特色。人工湿地构造图如图3-4所示。

表面流湿地,顾名思义,其水流主要在湿地床体的表面流动。这类湿地通常具有较低的污染负荷处理能力,因此更适合处理污染物浓度较低的水体。由于水流在表面流动,与空气接触充分,有助于好氧微生物的生长和活动,促进有机物的降解。表面流湿地往往占地面积较大,这在一定程度上限制了其在土地资源紧张地区的应用。然而,其建设费用相对较低,维护管理也较为简便,因此适用于河滩湿地、湖滨带湿地等类型的项目,能够有效地提升这些自然湿地的生态功能和景观价值。

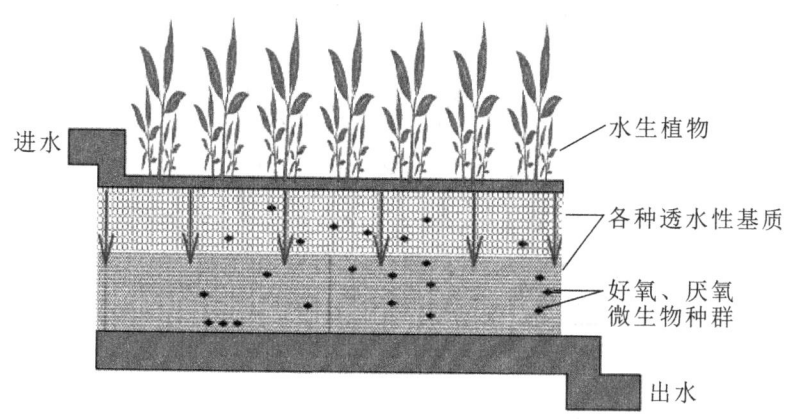

图3-4 人工湿地构造图

与表面流湿地相比,潜流湿地则具有更高的污染负荷处理能力和更好的处理效果。在这类湿地中,水流主要在床体内部流动,与空气接触较少,形成了相对厌氧的环境,有助于厌氧微生物的生长和活动,进一步促进有机物的降解。潜流湿地的占地面积相对较小,这使得其在土地资源紧张的地区具有更大的应用潜力。由于其高效的处理能力,潜流湿地特别适用于污水处理厂尾水提标、村镇污水处理等项目,能够有效地处理污染物浓度较高的水体,提升水质标准。

在实际工程设计中,每种类型的人工湿地都各具特色,应根据实际情况选择两种或几种工艺组合。通过充分发挥各自优点,实现工程效益的最优化。例如,在土地资源丰富、污染物浓度较低的情况下,可以选择表面流湿地作为主要处理工艺;而在土地资源紧张、污染物浓度较高的情况下,则可以考虑采用潜流湿地或将其与其他工艺组合使用。通过合理的工艺组合和设计优化,可以充分发挥人工湿地在污水处理和生态环境保护方面的重要作用。也有研究者按照污水流动方式,将人工湿地污水处理系统分为表面流人工湿地、水平潜流人工湿地和垂直潜流人工湿地。

表面流人工湿地(surface flow constructed wetland)是指污水在基质层表面以上,从池体进水端水平流向出水端的人工湿地。污水在人工湿地的土壤等基质表层流动,依靠植物根茎与表层土壤的拦截作用以及根茎生成的生物膜的降解作用,使污水得以净化的人工湿地形式,如图3-5所示。

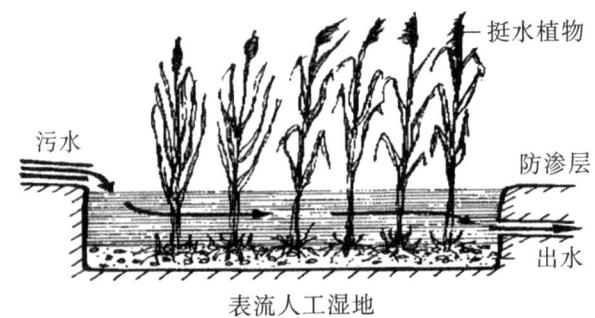

图3-5 表面流人工湿地剖面示意图

水平潜流人工湿地(horizontal subsurface flow constructed wetland)是指污水在基质层表面以下,从池体进水端水平流向出水端的人工湿地。污水从人工湿地一端进入,在人工湿地床表面下以近水平流方式流动,最后流向出口,使污水得以净化的人工湿地形式,如图3-6所示。

图3-6 水平潜流人工湿地剖面示意图

垂直潜流人工湿地(vertical subsurface flow constructed wetland)是指污水垂直通过池体中基质层的人工湿地。污水从人工湿地表面垂向流过基质床的底部或从底部垂直向上流向表面,使污水得以净化,如图3-7所示。

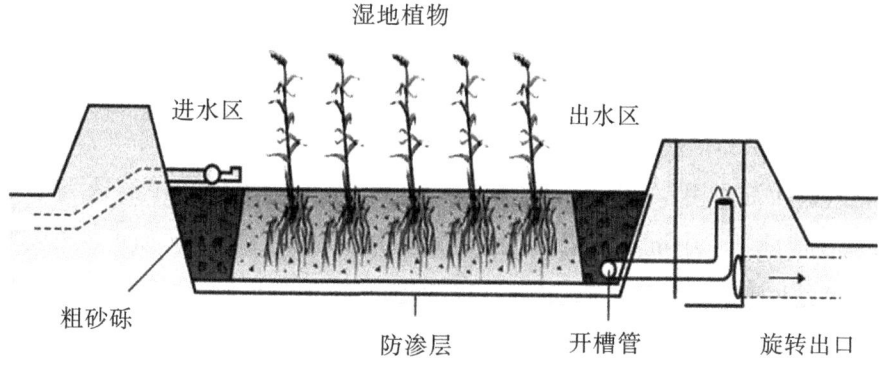

图 3-7 垂直潜流人工湿地剖面示意图

三种人工湿地污水处理工程的优缺点如表 3-3 所示。

表 3-3 人工湿地污水处理工程的优缺点对比

特征	表面流人工湿地	水平潜流人工湿地	垂直潜流人工湿地
水体流动	表面漫流	基质下水平流动	表面向基质底部纵向流动
水力负荷	较低	较高	较高
去污效果	一般	对有机物和重金属去除效果好	对 N、P 去除效果好
系统控制	简单,受季节影响大	相对复杂	相对复杂
环境状况	夏季有恶臭、滋生蚊蝇	良好	夏季有恶臭、滋生蚊蝇

3.5.4 人工湿地污水处理工程的机理分析

人工湿地去除污染物的机理是一个相当复杂的过程,涉及物理、化学和生物三大方面的协同作用。这些过程相互交织、相互影响,共同构成了一个复杂而高效的生态系统。

3.5.4.1 物理作用机理

物理作用在人工湿地中主要体现为过滤、沉淀和吸附等过程。

(1)过滤作用。当水流经过湿地时,湿地中的介质(如土壤、砾石、植物根系等)会拦截污水中的悬浮物,如固体颗粒、有机物碎片、微生物等。这些物质被截留在湿地中,从而实现水质的初步净化。过滤作用的效果与介质的粒径、形状和排列方式等因素密切相关。

(2)沉淀作用。湿地中的水流速度相对较慢,这使得污水中的悬浮物有足够的时间在水中沉降下来。此外,湿地中的一些化学物质(如钙、镁等离子)可以与污水中的某些污染物(如磷酸盐)发生化学反应,生成不溶于水的沉淀物。这些沉淀物会沉积在湿地底部,从而进一步净化水质。

(3)吸附作用。湿地中的介质具有很强的吸附能力,能够吸附污水中的多种污染物,如重金属离子、有机物等。吸附作用主要依赖于介质表面的化学性质和物理结构。例如,一些介质表面带有正电荷或负电荷,可以吸附带有相反电荷的污染物离子。

3.5.4.2 化学作用机理

化学作用在人工湿地中主要体现为化学沉淀、吸附、离子交换、氧化还原反应等过程。

(1)化学沉淀。如前所述,湿地中的一些化学物质可以与污水中的污染物发生化学反应,生成不溶于水的沉淀物。这些沉淀物不仅可以从水中去除污染物,还可以为湿地中的其他生物提供营养物质。

(2)离子交换。湿地中的介质表面通常带有一定的电荷,这些电荷可以与污水中的带电离子发生交换。例如,湿地中的钙离子可以与污水中的磷酸根离子发生交换,从而去除磷酸盐污染。

(3)氧化还原反应。湿地中存在多种氧化还原反应,这些反应可以改变污染物的化学性质,使其变得更易于被去除。例如,湿地中的一些微生物可以将有机物氧化为二氧化碳和水,从而将有机物污染转化为无害物质。

3.5.4.3 生物作用机理

生物作用是人工湿地净化水质的最重要过程之一,主要依赖于湿地中的微生物、植物和水生动物等生物群落。

(1)微生物降解。湿地中的微生物(包括细菌、真菌等)是去除有机物污染的主要力量。它们通过生物酶的作用将污水中的复杂大分子有机物分解成简单的小分子物质,如二氧化碳、水等。这一过程不仅去除了污水中的有机污染物,还为湿地中的其他生物提供了能量和营养物质。

在人工湿地中,微生物群落的协同作用是实现高效有机物降解和生态系统稳定的关键。这种协同作用体现在不同微生物种类之间的互补与合作,共同构建了一个复杂而精细的降解网络。

首先,作为微生物群落的重要组成部分,细菌主要承担初步分解有机物的任务。当生活污水流入湿地时,其中含有的食物残渣、人体排泄物等有机物成为细菌的主要食物来源。这些细菌,如假单胞菌、芽孢杆菌等,能够分泌各种生物酶,如蛋白酶、脂肪酶和淀粉酶,这些酶能够高效地作用于污水中的复杂有机物,如蛋白质、脂肪和碳水化合物。通过生物酶的作用,细菌将这些有机物逐步降解为更小的分子,如氨基酸、脂肪酸和单糖,这一过程释放出的能量为细菌自身的生长和繁殖提供了动力。同时,这些降解产物也成为其他微生物可利用的底物,为湿地生态系统中的其他生物提供了能量和营养物质。随着降解过程的进行,细菌进一步将这些小分子物质转化为简单的无机物,如二氧化碳、水和铵盐等,从而实现了对污水的净化。这一过程不仅去除了污水中的有机污染物,还有助于维持湿地生态系统的平衡和稳定。

随后,真菌便开始发挥其独特的作用。这些真菌具备强大的胞外酶分泌能力,能够降解对许多细菌来说难以处理的复杂有机物,如纤维素和木质素。以白腐真菌(White-rot Fungi)为例,这类真菌专攻木质素的降解。木质素是构成植物细胞壁的关键成分之一,其结构复杂且稳固,为植物提供了必要的支撑。然而,白腐真菌能够分泌木质素过氧化物酶和锰过氧化物酶等特殊酶类,有效地将木质素大分子拆解成更小的有机片段,进而加速了其在湿地环境中的分解过程。与此同时,褐腐真菌(Brown-rot Fungi)则专注于纤维素的降解。纤维素是植物细胞壁的另一主要组分,其由长链的葡萄糖分子组成。褐腐真菌通过分泌纤维素酶,将这些长链葡萄糖分子断裂成较短的片段,甚至是单个的葡萄糖单元。这些降解产物进一步为湿地生态系统中的其他微生物提供了可利用的碳源和能量。除了这两种专业性较强的真菌外,湿地中还广泛存在着霉菌(Molds)。霉菌具有广泛的底物适应性,能够在多种有机物上生长繁殖,包括植物残体、动物排泄物以及其他形式的有机废弃物。它们通过分泌多种酶类来分解这些有机物,将其转化为简单的有机分子,进而被湿地食物链中的其他生物所利用。值得注意的是,真菌的作用不仅限于其强大的分解能力。它们的菌丝体还能深入植物残体和土壤颗粒之间,有效地扩大了有机物的分解范围。此外,真菌还能与细菌形成紧密的共生关系。通过菌丝体将细菌连接在一起,真菌构建了一个复杂的微生物网络。在这个网络中,物质和信息的交换变得更为高效,从而显著提高了整个湿地生态系统对有机物的降解效率。

除了细菌和真菌外,湿地中的原生动物和藻类等也参与了微生物群落的协同作用。原生动物通过摄食细菌和真菌等微生物,控制着微生物群落的数量和结构,维持着湿地生态系统的平衡。而藻类则通过光合作用产生氧气,为湿地中的好氧微生物提供必要的生存条件。同时,藻类还能吸收并利用污水中的营养物质进行生长,进一步减少污水中的有机物含量。

在微生物群落的协同作用下,人工湿地中的有机物得到了高效降解。这种降解过程不仅去除了污水中的有机污染物,还为湿地中的其他生物提供了能量和营养物质。同时,微生物群落的协同作用还增强了湿地生态系统的稳定性和抗干扰能力,使其能够更好地应对外界环境的变化和污染物的冲击。

(2)植物吸收和转化。湿地中的植物通过根系吸收污水中的营养物质(如氮、磷等),并将其转化为自身的生物质。当这些植物被收割或自然死亡时,它们所吸收的污染物也就随之从湿地系统中被去除。此外,植物根系还可以释放一些分泌物和酶,这些物质可以促进微生物的生长和活性,从而增强湿地的净化能力。例如湿地中的植物芦苇、香蒲等具有发达的根系,这些根系可以吸收污水中的营养物质(如氮、磷等)进行生长。当这些植物被收割或自然死亡时,它们所吸收的营养物质也就随之从湿地系统中被去除。

(3)水生动物的作用。水生动物(如鱼类、昆虫等)在湿地中也扮演着重要的角色。它们通过摄食和排泄等生理活动,参与湿地中的物质循环和能量流动。此外,一些水生动物还可以作为生物指示器,反映湿地的水质状况和生态功能。

人工湿地生态系统中的水生动物通过捕食、排泄等生理活动,参与湿地生态系统的物质循环和能量流动,维持了湿地生态平衡。比如,鲤鱼和鲫鱼等淡水鱼类,在湿地食物链中占据重要位置。它们游弋于水草之间,捕食浮游生物和小型昆虫,有效控制了这些生物的数量,维持了湿地生态系统的平衡。同时,它们的排泄物为水体增添了营养物质,促进了水生植物的生长。蜻蜓的幼虫(水虿)和成虫都是湿地中的活跃分子。幼虫潜伏在水下,捕食蚊子幼虫等害虫,减少了害虫对人类的威胁。而成虫则在水面上空飞翔,捕食飞行中的小虫,进一步控制了害虫的数量。蜻蜓的存在不仅美化了湿地景观,还为人们带来了愉悦的视觉享受。水黾在水面上轻盈行走,它们以浮游生物和小型昆虫为食,为湿地生态系统的食物链贡献了自己的力量。同时,水黾对水质的要求较高,它们的存在表明水体的清洁程度良好,是湿地水质状况的指示生物之一。此外,还有一些小型底栖动物,如螺蛳、蚌类等,它们在湿地底部默默地生活着。它们通过滤食水中的浮游生物和有机碎屑,净化了水体,同时也为其他生物提供了食物来源。

思考题

1. 湿地生态系统的主要特点是什么?它与其他类型的生态系统(如森林、草原)有哪些显著的区别?

2. 湿地生态系统在地球生物圈中扮演着哪些重要角色?请举例说明湿地对气候、水文循环以及生物多样性等方面的影响。

3. 近年来,全球范围内湿地生态系统面临着哪些主要的威胁和挑战?请分析这些威胁产生的原因,并提出可能的保护和恢复措施。

4. 湿地生态系统中的典型生物群落包括哪些?请描述这些生物群落的结构特征以及它们之间的相互关系。

5. 如何通过科学的方法评估湿地生态系统的健康状况?请设计一个简要的评估方案,包括评估指标、数据收集方法和预期结果。这个方案如何帮助决策者制定有效的湿地保护策略?

第4章 城市生态系统

4.1 城市生态系统的定义

城市是一个大型的人类聚居地,通常被定义为一个永久的、人口稠密的地方,具有行政界定的边界,且其居民主要从事非农业任务。城市拥有广泛的住房、交通、卫生、公用事业、土地使用和商品生产系统,这些系统的密集性促进了人类、政府组织和企业之间的互动。

而城市生态系统则是城市居民与其周围环境(包括生物和非生物环境)相互作用而形成的网络结构。它是一个综合系统,主要由自然环境、社会经济和文化科学技术共同组成。城市生态系统不仅包括城市发展所需的房屋建筑和其他设施,还涉及城市居民及其活动。与自然生态系统不同,城市生态系统在更大程度上属于人工系统,它需要从外界获取能量和物质,如空气、水、食物以及燃料等。在城市生态系统中,人类起着重要的支配作用。该系统由自然系统、经济系统和社会系统所组成,各系统之间通过物质流、能量流和信息流相互联系。然而,由于城市生态系统对其他生态系统的依赖性以及其自身的脆弱性,保护和恢复城市生态系统的健康与可持续性成为当前城市发展的重要任务之一。

总的来说,城市是指人口密集、经济发达、社会文化繁荣、建筑设施完善的人类聚居地。城市生态系统是指城市居民与其周围环境组成的一种特殊的人工生态环境,是人们创造的自然-经济-社会复合体。城市生态系统具有开放性,城市与外界存在物质、能量和信息等方面的交换,城市需要不断从其他地方摄入大量的物质、能量,唯有如此才能维持城市人口的现有生活水平和生活质量。城市生态系统具有调节、自组织、自更新能力,任何一个生态系统都具有能量流动、物质循环和信息传递三大功能,它的营养级数目有限,它是一个动态系统。

城市生态系统包括城市内的生物、非生物要素以及它们之间的相互关系,如人类活动、建筑物、道路、绿地、水源等。城市生态系统的结构包括自然子系统、经济子系统和社会子系统。自然子系统包括城市居民赖以生存的基本物质环境;经济子系统涉及生产、分配、交换与消费的各个环节,包括工业、农业、交通、运输贸易、金融、建筑、通信、科技等;社会子系统涉及城市居民及其物质生活与精神生活诸方面,如居住、就业、教育、服务、供应、医疗、旅游、文化和娱乐等,还涉及文化、艺术、宗教、法律等上层建筑范畴。

4.2 城市生态系统理论及其研究现状

城市生态系统理论是指将城市视为一个生态系统,研究城市生态系统的结构、功能和动态变化。研究现状如下。

4.2.1 芝加哥学派的人类生态学方向

芝加哥学派,起源于20世纪20—30年代的美国芝加哥大学社会学系,是人类生态学及其城市生态学术思想的重要代表。该学派的领军人物如帕克、伯吉斯等,深受19世纪欧洲社会和生态学家如达尔文、斯宾塞的影响,并结合20世纪初在美国兴起的动植物生态学研究理论,创新性地提出了社会和城市研究的人类生态学方向。他们关注城市作为有机体的时空变化特征,致力于研究由欧洲移民和乡村人口迁移引起的美国城市迅速扩张所带来的社会变革。在标志性著作《城市》中,他们明确阐述了这一研究方向,为后来的城市研究和社会学发展奠定了坚实的基础。

芝加哥学派的研究方法独具特色,他们运用生态学中的概念如演替、竞争和新陈代谢来描述人口迁移过程中社区功能和社会秩序的变化。同时,他们敏锐地捕捉到一些社会无序的标识,如疾病、犯罪等,将这些现象与城市生态系统的失衡联系起来。该学派还将城市视为一个封闭的功能系统或有机体,特别关注其时空变化特征。在这一框架下,伯吉斯提出了著名的同心圆城市模式,通过对芝加哥城市结构的分析,揭示了城市内部不同文化群体和阶层的空间分布与动态变化。这一模式不仅为城市规划提供了重要的理论依据,也为后来的城市地理学和社会学研究开辟了新的视野(图 4-1)。

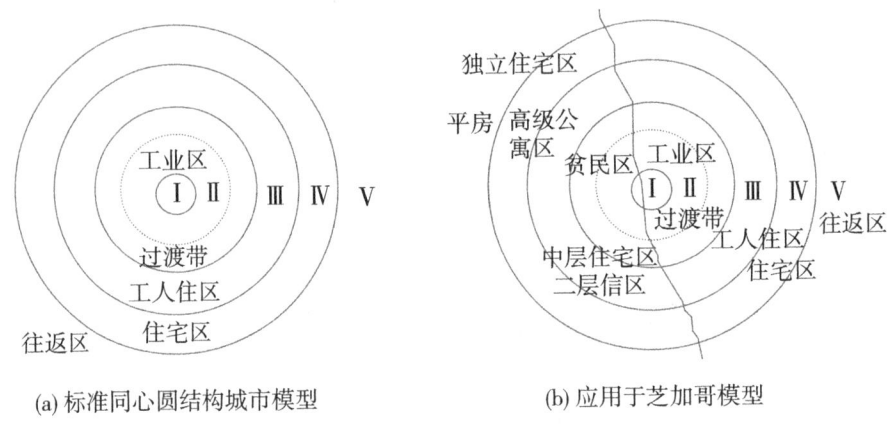

图 4-1　同心圆城市模型及其演化

尽管芝加哥学派在人类生态学领域取得了显著的成就,但其研究方法在 20 世纪 40 年代开始受到美国社会学家的广泛批评。批评主要集中在将人类社会结构和个体行为的生态解释过于简化、将经济功能组织和人口与服务的空间分布机制单一化为竞争结果,以及过于依赖宏观过程和统计数理分析来认识个体行为等方面。批评者指出,这些做法忽视了人类文化的复杂性和多样性,容易导致对社会现象的误解和偏见。此外,将人类生态学与社会达尔文主义相提并论也引发了关于个体、种族及社会公平问题的争议。然而,尽管面临争议和挑战,芝加哥学派的研究方法和成果仍然对后来的城市研究和社会学发展产生了深远的影响。他们的创新理念和独特视角为后来的学者提供了宝贵的启示和借鉴,推动了人类生态学及相关领域的不断进步和发展。

4.2.2 UNESCO 的人与生物圈(MAB)计划

20 世纪 60 年代,美国学者卡逊在其著作《寂静的春天》中首次揭示了人类活动对生态环境的深远影响,引起了全球的关注。70 年代初,罗马俱乐部发布的研究报告《增长的极限》对世界工业化和城市化发展的趋势进行了深入剖析,进一步激发了人们从生态学角度审视城市问题的兴趣。在此背景下,1970 年联合国教科文组织(UNESCO)的第 16 次会议决定启动人与生物圈计划(MAB)。1971 年,MAB 委员会在巴黎会议上确立了城市系统的生态学研究方向,其中项目 11 专注于"城市和工业系统能量利用的生态学前景"。

MAB 城市研究计划致力于构建城市系统的生态学理论基础,并针对城市问题开发跨学科、综合性的研究方法,以更深入地理解复杂城市系统与其内陆腹地之间的关系。自 70 年代以来,该计划组织了来自不同学科的科学家,在全球范围内建立了 150 多个研究基地,涉及法兰克福、哥特兰岛、莱城、布宜诺斯艾利斯和首尔等代表性城市。这些研究对于指导城市规划、管理及决策支持具有重要意义,并发挥了重要的示范作用。

MAB 城市研究经历了三个主要阶段。70 年代初,研究聚焦于城市的能量、物质及废弃物循环,探讨了城市与其腹地的关系以及城市绿地的功能作用等问题。这些研究综合考虑了人类生态、社会文化以及经济和社会心理变量,被视为 MAB 城市研究的经典领域。从 70 年代中后期至 80 年代,MAB 城市研究积累了丰富的地方研究经验,并开始进入广泛的国际合作研究阶段。通过组织各种区域间和国际性的研讨会,MAB 广泛宣传了地方研究经验并进行了理论总结。80 年代中期以后,MAB 城市研究的四个重要研究领域逐渐明确,包括城市化与环境变化之间的相互关系模型开发、城市化带来的人口变化及城乡人口流动的环境结果研究、城市能量与物质循环的示范研究以及城市绿地的规划管理研究等。

进入 90 年代,由于项目预算的减少,许多 MAB 项目实际上是由各国家委员会推动的。这期间的特殊研究方向包括海岸带城市生态研究、城市气候和土壤研究等。90 年代末期,MAB 城市研究出现了一个新领域,即将生物圈保留地概念应用于城市开发中。这一创新扩大了生物圈保留地的传统范围,将其与城市问题相关联,进一步促进了城市的可持续发展。尽管在90年代末期,MAB城市研究已处于停滞状态,但其所开发的城市研究框架在其他网络中得到了进一步拓展和应用,同时为全球范围内的城市可持续发展提供了宝贵的经验和启示。

4.2.3 美国的LTER城市生态系统研究

美国长期生态研究(LTER)是由美国国家科学基金(NSF)资助的一个重要项目,专注于生态系统的长期动态研究。该项目涉及五个核心研究领域,包括初级生产、营养结构的种群、有机质的储存与动态、营养运输与动态以及生态系统干扰。自1980年以来,LTER网络已经建立,旨在积累研究经验并形成全面的生态系统观点。该网络覆盖了20多个在生态系统研究方面取得显著成果的站点,涵盖了从热带到极地、从海岸到内陆的各种生态系统类型。尽管各生态系统类型和研究方法存在差异,但LTER项目的共同特点在于它同时考虑了自然要素(如地质、气候、水文过程和物种)以及与人类活动相关的要素(如土地利用、物种引进、资源消费和废弃物生产)。这两类变量共同作用于生态系统的动态变化,缺一不可。

近年来,LTER项目将这一综合思想应用于城市生态系统的研究。1997年,巴尔的摩和凤凰城的生态系统研究被纳入该项目,并首次区分了城市中的生态学研究与城市生态学研究。前者主要关注城市中的生态过程与其他环境的差异,以及城市对生态过程的影响;后者则更注重将城市作为一个整体生态系统来研究,探讨其不同组成部分之间的能量与物质联系、新陈代谢、景观单元的动态变化等方面。巴尔的摩和凤凰城的城市生态系统研究不仅涉及生态学问题,还致力于推动城市生态学的发展。它们采用了一体化的研究框架,将自然因素与人类活动因素相结合,为城市生态系统的研究提供了新的视角和方法。此外,LTER的城市生态系统研究还形成了一套完整的研究思路,包括以流域为系统边界进行分析、利用地理信息系统(GIS)监测和模拟土地利用变化、采用分层次的景观动态分析方法等。这些方法对于研究空间异质性较强的城市生态系统尤为重要。

值得一提的是,城市生态研究从一开始就具有交叉科学的性质,涉及自然科学与人文科学的多个领域。在应用方面,城市生态学与相关学科进一步融合,形成了新的交叉学科研究领域。例如,产业生态学关注产业活动中的资源利用和环境影响;人居生态学则致力于将生态学原理应用于城市规划和建设,为居民提供宜居环境;而城镇生命支持系统生态学则研究城镇发展的生态基础设施和服务功能等方面。这些研究领域与 LTER 的研究方向相契合,共同推动城市生态学的理论发展和实践应用。

4.2.4 中国的"社会-经济-自然"复合生态系统研究

4.2.4.1 理论背景与核心思想

马世骏的复合生态系统理论是在对传统生态学理论进行深化和拓展的基础上提出的。传统生态学主要关注自然生态系统内部生物与环境之间的关系,而复合生态系统理论则将人类社会纳入生态系统的研究范畴,强调人类社会与自然环境之间的相互作用和共同演化。这一理论的核心思想是:人类社会与自然环境共同构成了一个复合生态系统,其中各种要素之间相互联系、相互影响,共同维持着系统的运行和发展,如图 4-2 所示。

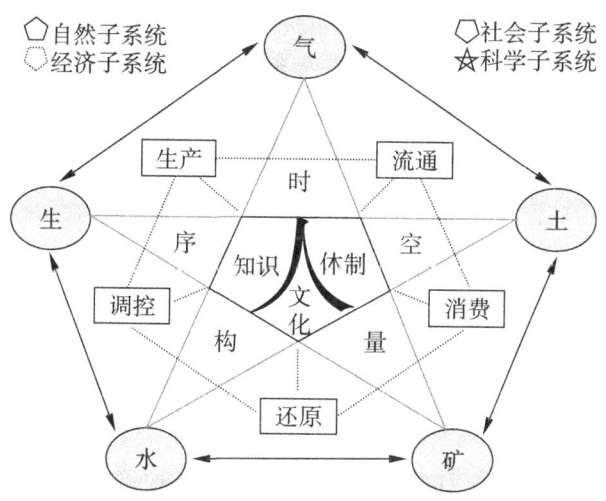

图 4-2 社会-经济-自然符合生态系统示意图

4.2.4.2 城市生态系统的多层次性

在城市生态系统中,复合生态系统理论的多层次性体现得尤为明显。首先,城市生态系统包括自然生态系统层次,如城市中的绿地、水体、野生动植物等。这些自然要素为城市提供了重要的生态服务,如净化空气、调节气候等。其次,城市生态系统还包括人工生态系统层次,如建筑、交通网络、市政设施等。这些人工要素是城市社会经济活动的基础,同时也是城市生态环境的重要组成部分。这些不同层次之间通过物质循环、能量流动和信息传递等方式相互关联,共同维系着城市生态系统的运行。

4.2.4.3 社会经济与自然环境的深度融合

在城市生态系统中,社会经济与自然环境的深度融合是复合生态系统理论的又一重要体现。城市作为人类社会经济活动的中心,其发展过程不断改变着城市的自然环境。例如,城市化进程中的土地开发、工业污染等都对城市的自然环境产生了深远影响。同时,城市的自然环境也深刻影响着人类的社会经济活动。例如,气候变化、环境污染等问题不仅影响着城市的居民健康和生活质量,也对城市的经济社会发展产生了制约。因此,在城市生态系统中,社会经济与自然环境的深度融合使得两者之间的关系变得更为紧密和复杂。

4.2.4.4 动态平衡与生态阈值

复合生态系统理论认为,城市生态系统虽然具有一定的自我调节和恢复能力,但其平衡状态是动态变化的。当人类活动对城市生态系统的干扰超过一定限度时,系统可能会失去平衡,导致生态环境恶化、资源枯竭等问题。因此,保护城市生态系统的动态平衡至关重要。同时,每个城市生态系统都有其生态阈值,即系统能够承受的最大干扰程度。一旦超过这个阈值,系统可能会发生不可逆转的变化。因此,在城市规划和管理中,应充分考虑城市生态系统的生态阈值,避免对系统造成过大的压力。

4.2.4.5 整体性管理与可持续发展

基于复合生态系统理论的城市生态系统管理需要遵循整体性和可持续发展的原则。整体性管理要求我们在制定城市规划和政策时,要全面考虑城市生态系统的各个组成部分及其相互关系,确保系统的整体效益最优。可持续发展则要求我们在推动城市经济社会发展的同时,要充分考虑生态环境的保护和改善,实现经济社会与生态环境的和谐共生。这需要我们转变传统的发展观念,将生态环境保护纳入城市发展的核心议程,推动城市的绿色、低碳、可持续发展。同时,还需要加强跨部门、跨领域的合作与协调,共同应对城市生态系统面临的挑战和问题。

4.3 城市生态系统的特征

4.3.1 生态特征

4.3.1.1 城市土壤

土壤,作为地球生物圈的关键组成部分,是支撑生命体系的重要基质。在生态学和环境科学领域,土壤被视为维系生态系统稳定与功能的核心要素。对于城市这一特殊生态系统而言,土壤同样扮演着不可或缺的角色。在城市化进程中,大量的自然土壤被建筑物、道路和其他人造结构所替代,导致城市绿地成为稀缺资源。这些绿地及其土壤不仅为城市居民提供了休闲与娱乐的场所,更是城市生物多样性的重要栖息地。城市土壤中的微生物、小型动物和植物根系共同构成了复杂而微妙的生态网络,维持着城市生态系统的基本功能。

从专业角度来看,城市土壤具有独特的物理、化学和生物学特性。它们往往受到人类活动的强烈影响,如废弃物填埋、化学污染和物理压实等。这些过程不仅改变了土壤的自然属性,也对其生态功能产生了深远影响。

在研究城市土壤时,我们不仅需要关注其物质组成和结构特征,还要深入理解其在城市生态系统中的生态服务功能。为了改善和保护城市土壤,我们需要采取一系列科学有效的措施。这包括合理规划城市绿地、减少污染排放、促进有机物质的循环利用以及加强土壤生态修复等。通过这些努力,我们可以为城市生物多样性的保护和城市生态系统的可持续发展奠定坚实的基础。

城市土壤的化学性质较为复杂，深受人为活动的影响，展现出鲜明的特点，如有机质含量偏低、重金属及污染物含量较高、酸碱度波动较大以及盐分含量较高等，都是城市土壤所具有的重要特性。这些特性给城市土壤的生态功能和环境质量带来了极大的影响，详细说来，这种影响体现在以下几个方面：

(1) 城市土壤中的有机质含量通常较低。这是因为在城市化进程中，大量的自然土壤被混凝土、沥青等材料所覆盖或替换，导致土壤有机质的输入与自然状态相比大为减少。有机质是土壤中极为重要的一部分，它对于维持土壤的肥力、结构和生物活性起到了至关重要的作用。因此，城市土壤中有机质的缺乏无疑会导致土壤肥力的明显降低和生物活性的显著削弱。

(2) 城市土壤中的重金属和其他污染物含量往往较高。这些污染物主要来源于工业生产中的废气、废水排放，汽车尾气的排放，以及城市生活中的垃圾处理等。这些重金属和污染物在土壤中的不断累积，不仅会破坏土壤的结构，降低其肥力，更严重的是，它们可能会引发土壤的毒化作用，对生活在其中的植物、微生物造成严重的影响。更有甚者，这些污染物可能会通过食物链对人类的健康产生深远的影响。

(3) 城市土壤的酸碱度也是一个需要关注的重要方面。土壤 pH 值高低是土壤许多化学性质的综合反映，pH 直接影响到土壤中养分元素的存在形态以及土壤中动植物的群落特征。如表 4-1 所示为郑州国际旅游度假区绿地土壤基本化学性质表，其中 pH 值变化范围为 8.60~8.94，均值为 8.76，各绿地土壤 pH 值空间变异较小，为 0.01。与国内部分大中城市绿地土壤出现碱化的趋势类似，郑州国际旅游度假区绿地土壤质量较差，土壤 pH 值较高，高于《绿化种植土壤》标准的最高限值要求（<8.3）；土壤养分指标中除速效钾含量较丰富外，有机质、水解性氮、有效磷含量均偏低，不利于植物的正常生长。也进一步说明，人为活动的影响，如污水排放、废气沉降等，与城市土壤的酸碱度发生较大波动的关联性。这种酸碱度的变化不仅会影响土壤中养分的有效性，还会影响土壤中微生物的活性，甚至可能会增强某些有害物质的毒性。

表 4-1　土壤基本化学性质

指标	最小值	最大值	均值	标准差	变异系数
pH 值	8.60	8.94	8.76	0.11	0.01
EC 值/(mS·cm^{-1})	0.04	0.08	0.06	0.01	0.19
有机质/(g·kg^{-1})	2.93	17.37	7.09	3.44	0.49
水解性氮/(mg·kg^{-1})	1.07	40.96	16.72	12.92	0.77
有效磷/(mg·kg^{-1})	1.17	6.34	3.03	1.47	0.49
速效钾/(mg·kg^{-1})	50.12	115.16	82.69	18.04	0.22

（4）城市土壤中的盐分含量也是一个不可忽视的问题。盐分主要来源于过量的化肥使用、不合理的灌溉以及大气中的有害物质沉降等。过高的盐分含量可能会对植物的生长产生抑制作用，甚至可能导致植物的死亡。此外，高盐环境还可能引发城市绿地的退化，影响城市的绿化和生态环境。

总的来说，城市土壤的化学性质因为人为活动的干预而变得复杂且多变。为了维护城市土壤的健康和生态功能的正常运转，需要对土壤进行定期的监测与评估，并对不合理的土地利用方式进行积极的调整和改善。

4.3.1.2　城市空气

城市空气的组成很大程度上取决于所处的建筑环境，这些建筑环境与周围树木、山丘等自然环境构成的微气象环境，共同影响城市生态系统的热量流动、污染物迁移、植物生长等。

（1）树木的重要作用。城市中的常见植被品种包括单株树木、行道树、森林、草坪、低自然植被和装饰性植被。在城市中，单株灌木的出现频率最高，然而，具有生态学意义的成片灌木丛却较为罕见。树木对城市空气的影响丰富且多样，其作用不可或缺。

首先，树木的遮阴作用能够使地表降温，并通过水分蒸腾作用为空气降温。其次，树木可能促成或干扰直线型、涡流型和螺旋型的风，从而影响空气的温度。此外，树木释放的水分子能够提高空气的相对湿度。

树木，尤其是圆叶树木，能够拦截空气中的、多含有重金属的浮尘颗粒。

同时，树木具有吸收温室气体、二氧化碳以及包括二氧化硫、二氧化氮和臭氧的其他气体的能力。部分树木还能释放烃（一种重要的挥发性有机物），而许多树木能产生大量花粉或释放种子，借助风进行长距离传播。昆虫、蝙蝠和鸟类等生物亦依赖于树木生存，追随着树木产生的叶、花、花粉、果实和种子。然而，这些因素同时也限制了树木的生长。过多的热量、风和建筑物遮挡可能导致树木生长受阻，甚至死亡。此外，过多的尘土、二氧化硫、轮胎带起的空中微塑料、重金属和其他气溶胶或气体污染物，会使树木枯萎。部分树木还会因霜冻死亡，而过度的夜间灯光可能刺激树木生长，进而导致其受到霜冻危害。过多的昆虫取食和鸟类排泄物同样会对树木造成危害。

综合考虑这些因素，树木无疑是城市空气中的一个重要角色，其对城市生态环境影响深远。

(2) 城市通风。宏观气象条件，如陆地与海洋间的温差，是引发空气流动或风的主要原因，对城市环境产生显著影响。这种流动不仅携带热量和空中生物，更重要的是携带污染物，不断地在城市区域内外交换[如图4-3(a)所示]。在城市环境中，由于高层建筑的密集存在，原本水平流动的空气被迫抬升，进而产生湍流，这是一种带有旋涡的随机气流。湍流在污染物的扩散中扮演关键角色，它有效地将热量和颗粒物等从城市地表带走，有助于通风和清洁城市空气。在区域风的作用下，这些污染物进一步被输送到城市下游。

然而，在多数城市，尤其是夜间，区域风往往减弱或停止，导致空气静止。此时，城市地表热量向外部较冷空间释放，形成自然对流。这种对流使得温暖、污浊的空气上升，并从周边农田、乡野或水体吸引相对较冷的空气进入城市，形成"清风效应"。尽管这些清风可能含有少量污染物，但它们总体上有助于改善城市空气质量[如图4-3(b)所示]。

当城市周边存在坡地或山脉时，夜间可能形成强烈的冷空气下沉气流。这种气流将较重的冷空气带入城区，替换较轻的温暖空气。这种现象不仅有助于降低城市温度，还具有显著的清洁作用。例如，我国的兰州市就是一个典型案例，兰州市位于黄河河谷中，四周被山脉环绕。城市规划者通过合理布局建筑和绿地，利用山谷风来改善城市空气质量。当冷空气从山脉下沉到河谷时，带走了城市中的污染物和热量，有助于清洁和降温城市环境。

这种自然通风的设计不仅提高了居民的生活质量,还为城市可持续发展提供了有益借鉴[如图4-3(c)所示]。

然而,当存在逆温层时——即一层静止的温暖空气覆盖在城市上方——它会阻碍城市空气的垂直对流。在这种情况下,热量和污染物在逆温层下方积聚,导致城市空气质量下降。因此,区域风或风暴的存在对于驱散逆温层、带走热量和污染物至关重要。它们能够为城市居民带来清新的空气环境,是城市气象学中的重要研究对象。通过深入研究和合理规划城市布局,我们可以更好地利用自然气象条件来改善城市环境,提高居民的生活质量。

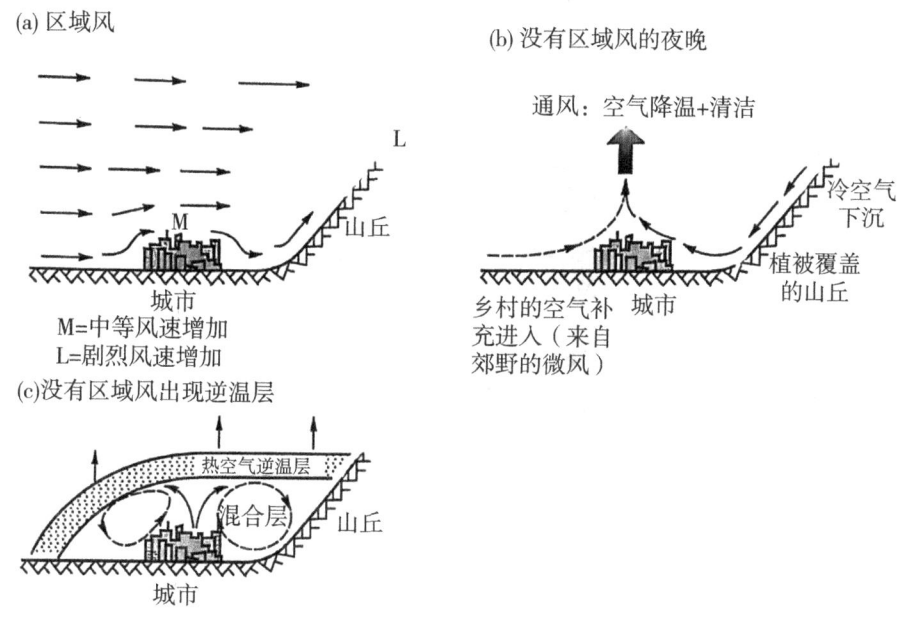

图4-3 城市与山丘的空气流动

(a)箭头表示水平方向上的空气流动;(b)和(c)热空气从城市升起;(c)冷空气在热空气下方形成逆温层,阻隔了正常的热空气与高空(对流层)冷空气的对流

(3)城市热岛效应。城市热岛效应是一种由人类活动引发的现象,表现为城市中心区域的温度显著高于周边农村。这一现象的形成与多重因素紧密相关:首先是城市下垫面性质的显著变化,随着城市化的推进和工业活动的增强,原本的自然土壤、水面及植被逐渐被沥青、水泥和混凝土所替代。

这种变化降低了地表的水分蒸腾作用,加速了径流,并增强了显热的储存与传输,进而对城市热量平衡产生了深远影响。其次,人为热源也是不可忽视的因素,包括汽车尾气排放的热量、空调使用产生的热量以及工厂废气的余热等,这些都为城市热岛效应的形成推波助澜。不合理的城市规划布局同样加剧了这一现象的产生。

城市热岛效应导致城市气象条件如风速、风向等发生变化,从而使污染物在城市内难以扩散。污染物质排放与气象条件共同作用,使得城市部分地区空气质量与周边地区相比相对较差,能见度较低,形成所谓的"城市浊岛",如图4-4所示。高浓度的污染物质和尘埃会对人体的呼吸系统、皮肤等造成刺激和伤害,引发各种疾病。

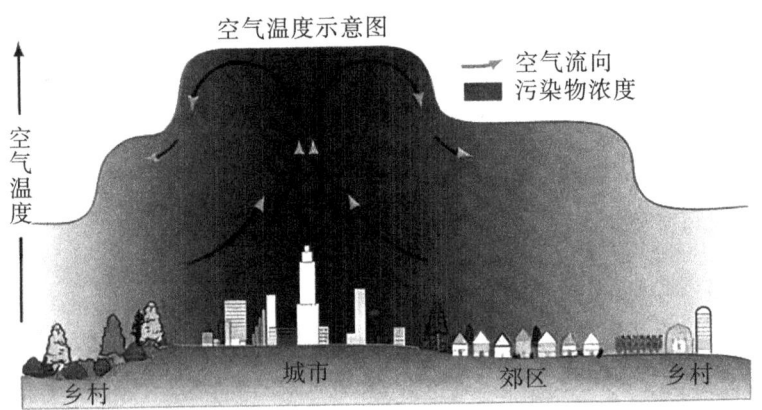

图4-4 "城市浊岛"示意图

4.3.1.3 城市水系统

城市水系统是自然界水循环与人类活动相互作用的一个复杂表现。在城市环境中,水的流动、储存和处理都呈现出与自然状态截然不同的特点。

(1)城市水流的特性。在城市区域内,水流通常呈现出笔直、快速的流动特点。这与自然上地上的水流形成鲜明对比,后者往往更缓慢、预见性较低,且路线崎岖。城市水流经过硬质表面和管道的输送,被分割成多个渠道,甚至在管道系统中消失后又神奇地再现。这种流动性强、可控性高的特点,使得城市水流在输送、分配和处理上更加高效。

(2)城市水流的化学变化。城市环境中的水流在化学成分上也发生了显著变化。雨水在降落过程中,会吸附空气中的化学混合物,如颗粒物、重金属、有机污染物等。这些污染物随着雨水流经城市表面,被冲刷下来并带入水体。此外,城市供水管道会向系统中注入一小部分高净水,这通常含有消毒剂(如氯气)、氟化物和其他化学物质,以确保水质的卫生安全。然而,这些化学物质的加入也可能对水质产生负面影响,如产生消毒副产物等。

(3)城市水流的处理与排放。城市水流经过处理后,才能排放到自然环境中或再次利用。污水处理系统是城市水系统的重要组成部分,负责处理人类生活污水和工业废水。通过物理、化学和生物方法的处理,可以去除水中的污染物,降低其对环境的危害。然而,即使经过处理的水流也可能仍含有一定量的污染物,因此排放标准和监管措施至关重要。

(4)城市水流的特殊设施。城市环境中还存在一系列特殊水设施,如喷泉、消防栓、环保屋顶、雨水花园等。这些设施在城市水循环中发挥着重要作用。例如,环保屋顶和雨水花园可以滞留雨水并促进其渗透,从而减轻城市排水系统的负担;消防栓则提供紧急用水,保障城市安全。此外,新兴的生态工程技术也正在被应用于城市水系统的构建中,如植被沼泽、水系统水产养殖等,这些技术有助于提升城市水系统的生态功能。

(5)城市水流的数量与质量问题。在城市水系统中,数量和质量是两个核心问题。随着城市化进程的加速,城市对水资源的需求不断增加,同时水质问题也日益突出。城市周边土地上的多数湿地已被排干或填充处理,导致小型湿地成为罕见物种的稀有栖息地。此外,城市上游土地利用变化可能引发洪水频率和强度的变化,给城市带来巨大风险。全球清洁淡水供应不足的问题也日益严重,造成城市缺水且用水成本提高。因此,在保障城市水流数量的同时,提高水质和促进可持续利用成为城市水系统面临的重要挑战。

(6)城市水循环与全球水循环的关系。城市水循环是全球水循环的一部分,但具有其独特性。全球水分布在五个主要的地方:大气、地表、地下、冰和海洋。而城市地区的水循环则包含一系列相对独特的流动过程,如硬质表面的蒸发、植物蒸散发、地表径流、潜流和地下水补给等。这些过程受到城市结构和人类活动的影响,使得城市水循环与全球水循环产生密切联系又有所区别。理解这种关系对于构建可持续的城市水系统至关重要。

4.3.1.4 城市野生动物

城市野生动物指的是那些能够适应并在城市及其周边环境中生存、繁衍的野生动植物种类。尽管城市是一个以人类活动为主导、高度人工化的环境,但由于城市中的公园、绿地、河流以及其他自然和半自然元素的存在,为野生动物提供了一定的生存空间。这些野生动物种类繁多,包括鸽子、喜鹊等鸟类,松鼠、野兔、刺猬、狐狸等哺乳动物,以及各种爬行动物、两栖动物以及昆虫。它们分布在城市的各个角落,如公园、绿地、河岸、废弃建筑等,与人类形成了一种特殊的共生关系(见表4-2)。

表4-2 城市中常见的野生动物种类及其栖息地

种类	常见动物	常见栖息地	城市名称示例
鸟类	鸽子	公园、广场、建筑物	北京、上海、广州
	喜鹊	公园、农田、住宅区	北京、成都、武汉
	麻雀	住宅区、街道、农田	全国广泛分布
	乌鸦	城市垃圾场、公园、大型建筑物	北京、上海、重庆
哺乳动物	松鼠	公园、绿地、大学校园	北京、南京、西安
	野兔	公园、农田边缘、废弃地	北京郊区、上海郊区、广州郊区
	刺猬	公园、住宅区、农田	北京、上海、沈阳
	狐狸	城市边缘、公园、废弃建筑	北京郊区、上海郊区、成都郊区
爬行动物	蜥蜴	公园、绿地、废弃建筑	广州、深圳、海口
两栖动物	青蛙/蟾蜍	公园湿地、池塘、雨水渠	上海、武汉、杭州
昆虫	蝴蝶	公园、花园、农田	全国广泛分布,特别是南方城市
	蜜蜂	花园、公园、城市农田	全国广泛分布,特别是农业城市
	蚂蚁	住宅区、公园、废弃地	全国广泛分布

(1)城市野生动物对城市生态系统的影响。

生态平衡的维护者:城市野生动物在维护城市生态平衡方面发挥着重

要作用。它们通过食物链和食物网的关系,与其他生物相互依存、相互制约,共同维持着生态系统的稳定。例如,喜鹊、乌鸦等鸟类会捕食害虫,有效控制害虫的数量,防止它们对植物造成过度破坏;而松鼠则通过埋藏和遗忘坚果的方式,无意间帮助植物进行种子的传播和扩散。这些作用有助于维护城市生态系统的健康和稳定。

生物多样性的贡献者:城市野生动物的存在增加了城市生态系统的生物多样性。生物多样性是衡量一个生态系统健康状况的重要指标,它反映了生态系统中生物种类的丰富程度和生态系统的复杂性。鸽子、麻雀、乌鸦等鸟类,松鼠、野兔等哺乳动物以及各种爬行动物、两栖动物和昆虫的存在,为城市生态系统带来了更多的生物种类和生态位,使得生态系统更加复杂和多样化。这种多样性有助于提高生态系统的稳定性和抵抗力,使其更能够适应外界环境的变化。

生态服务的提供者:城市野生动物还为城市居民提供了一系列重要的生态服务。它们的存在不仅给城市带来了生机和活力,还为城市居民提供了观赏、教育和科研等价值。例如,喜鹊的优美身姿和悦耳叫声可以给人们带来愉悦的感受;松鼠的灵活跳跃和可爱形象则成为城市中的一道亮丽风景线;同时,城市野生动物还可以为科学研究和教育提供重要的资源和对象,如观察鸟类迁徙规律、研究动物行为习性等,有助于增强公众对自然生态的认识和保护意识。

(2)城市野生动物面临的挑战与保护。

城市化的快速进程给野生动物带来了前所未有的挑战。随着高楼大厦的崛起和道路的纵横交错,原本属于野生动物的栖息地逐渐消失,被破碎化、隔离化。这种栖息地的丧失不仅压缩了它们的生存空间,更切断了许多物种之间的生态联系,影响了它们的繁殖与迁徙。同时,城市中的污染问题也日益严重。工业废气、汽车尾气、生活垃圾等污染物充斥在空气中、水源里,甚至渗透到土壤中。这些污染物直接或间接地对野生动物造成健康威胁,导致它们的免疫力下降、繁殖能力减弱,甚至引发种群数量的锐减。此外,城市中的噪声污染也不容忽视。持续不断的交通噪声、建筑施工噪声打破了野生动物原有的生活节奏,干扰了它们的正常交流、觅食和繁殖行为。

长期处于这种高噪声环境中,野生动物承受着巨大的生理和心理压力。人类的活动也对野生动物产生了直接或间接的影响。户外野餐、露营等休闲活动可能会干扰野生动物的正常生活,而非法捕猎、贩卖和食用野生动物的行为则对它们的生存构成了更为严重的威胁。

面对这些挑战,保护城市野生动物刻不容缓。在城市规划中应充分考虑野生动物的生存需求,合理规划绿地、公园等生态空间,为它们提供必要的栖息地。同时加强法律法规的制定与实施,严厉打击非法捕猎、贩卖和食用野生动物的行为,确保野生动物的合法权益得到保障。此外,实施生态恢复项目也是保护城市野生动物的重要途径。通过植树造林、湿地恢复等措施,改善野生动物的栖息环境,增加栖息地的连通性和多样性。同时,建立专业的野生动物救助体系,对受伤、迷途或受困的野生动物进行及时救助和放归自然,也是保护工作中的重要一环。

4.3.2 城市特征

4.3.2.1 城市道路

城市道路作为城市架构的骨干,其角色远不止于简单的交通通道。深入探究,我们会发现城市道路在城市生态系统中担当着复杂且关键的角色,其形态在不同城市中更是呈现出独特的多样性。

从生态流的角度审视,城市道路是物质流、信息流和能量流在城市内部及城市与外界之间交换的主要路径。它们如同生命体中的血管,为城市这个庞大的有机体输送必需的"养料"。物质流,如商品、水资源、废气等,依赖城市道路网络进行高效分配与排放。信息流,包括交通信号、导向标识以及各种实时交通数据,都通过城市道路得以迅速传播与处理。能量流方面,无论是能源的输送还是消耗,如燃油、电力等,都与城市道路的使用和管理紧密相连。

进一步深入观察,我们会发现城市道路的形态在不同城市中展现出显著的多样性。这种多样性深受城市地理、历史和文化背景的共同影响,并且反过来也深刻地塑造着城市的生态结构和功能。以北京为例,这个历史悠久的城市在其中心区域,尤其是二环以内,展现出了典型的回字形道路布局。这种布局与北京作为古都的丰富历史紧密相连,体现了古代城市规划者的智慧。回字形道路不仅有效地促进了城市空间的紧凑布局,还极大地提升了步行和骑行的便捷性。其设计减少了长距离的直线道路,代之以更多的转角和短距离路段,从而营造出一种步行友好的城市环境。与此同时,巴黎则以其放射状道路布局而著称。从凯旋门出发,道路呈放射状向四周延伸,这种布局与18世纪末至19世纪初的城市规划理念紧密相连。其目的在于通过宽阔、笔直的大道实现城市中心与周边地区的快速连接,从而提升城市交通的整体效率。这些放射状道路不仅有效地促进了城市的交通流动,更成为巴黎独特城市风貌的重要组成部分。

无论是回字形道路还是放射状道路,每种道路形态都在以其独特的方式塑造着城市的生态系统,并在其中发挥着不可或缺的作用。这些形态各异的道路不仅承载着城市的交通需求,更在无声中讲述着城市的历史、文化和生态故事。因此在筹划和管理城市道路时,必须以更全面的视角为依据,全面考虑其对城市生态系统各层面的影响。这意味着在道路设计过程中,应融入生态学原则,优化交通线路,减少能源的不必要消耗和环境污染,同时保护和强化城市的形态特色及文化内涵。经过这样的努力,城市道路将成为城市生态系统中的一道靓丽景观,推动城市的可持续健康发展。

4.3.2.2 居住区、商业区和工业区

在城市这个复杂的生态系统中,居住区、商业区和工业区不是孤立存在的,而是相互交织、相互影响的。它们共同构成了城市的基本骨架,并在城市生态系统的运行中发挥着各自独特的作用。

居住区是城市的"生活空间",承载着居民的生活空间。在这里,人们寻求的不仅仅是物质层面的满足,更重要的是精神层面的寄托。因此,居住区的规划不仅要考虑人口密度、居住需求等基础性因素,更要关注居民的居住舒适度、社区归属感和生态环境质量。合理的居住区规划能够为居民打造宜居的生活环境,促进社区和谐与生物多样性,从而在生态层面上为城市的可持续发展贡献力量。

商业区则是城市的"经济脉搏",汇聚着各种商业活动和服务业态。在

这个充满活力的空间中,人流、物流、信息流交织在一起,共同推动着城市经济的繁荣发展。商业区的划分依据不仅包括市场需求、交通便利性等经济因素,还需要考虑其对周边环境的影响。通过科学的规划和管理,商业区可以在促进经济增长的同时,减少对环境的负面影响,实现经济效益与生态环境保护的共赢。

工业区作为城市的"生产引擎",承担着工业生产和加工的重要任务。在这个特定的空间中,工厂、仓库、研发机构等工业设施紧密联系在一起,共同推动着城市工业化的进程。然而,工业生产往往伴随着环境污染和生态破坏的风险。因此,工业区的规划必须严格遵循环保标准和生态保护原则,确保工业生产顺利进行的同时,最大限度地减少对环境的负面影响。通过实施严格的环保措施和绿化工程,工业区可以为城市的生态环境贡献自己的一份力量。

4.3.2.3 绿地和廊道

在城市生态系统中,绿地与廊道宛如城市的"绿色血脉",为城市环境注入活力,为市民生活带来宁静与舒适。它们不仅美化了城市景观,更是城市生态不可或缺的一部分,维系着生态平衡与生物多样性的稳定。

绿地作为城市中的绿色空间,广泛分布于公园、街头、花园和广场等地。它们通过覆盖的植被有效地改善着城市的空气质量,吸收二氧化碳并释放氧气,为城市居民提供清新的空气环境。同时,绿地的存在还有助于调节城市微气候,减少"热岛效应"的影响,并通过植被的蒸腾作用增加空气湿度,为城市带来一丝凉爽。此外,绿地还为城市中的野生动植物提供了宝贵的栖息地,促进了生物多样性的保护。它们不仅为城市生物提供了繁衍与生存的场所,更为城市居民提供了与自然亲近的机会,有助于缓解压力、提高生活质量,并促进社区凝聚力和社会交往。

廊道则是城市中的绿色通道,以线性或带状的形式将各个绿地连接起来。它们可以是天然的河流、溪流或山脊,也可以是人工建设的绿化带、林荫道或风景道。廊道在生态系统中发挥着重要的连接作用,为动植物提供了迁徙、觅食和繁殖的路径,有助于维护生态系统的连续性和完整性。同时,廊道作为城市景观的一部分,增添了城市的视觉美感,提升了城市的美学价值。对于城市居民来说,廊道也是休闲散步、骑行或通勤的理想选择,为他们提供了与自然互动的机会。

然而,当前城市绿地与廊道建设中也存在一些问题。

(1)植物选择的单一性和缺乏地域特色尤为突出。

在许多城市中,我们可以看到大量种植的相同草坪、灌木和树木,导致城市绿地景观单调乏味,缺乏个性和特色。这不仅削弱了城市的辨识度,也降低了市民对城市的归属感和认同感。

(2)地标性植物的缺失也是一个亟待解决的问题。

地标性植物作为城市的象征和标志,对于提升城市文化品位和知名度具有重要意义。然而,在许多城市中,我们很难找到具有代表性的地标性植物,使得城市绿地与廊道在景观上缺乏亮点和吸引力。

(3)本土植物的缺失也不容忽视。

本土植物对于维护城市生态平衡和促进生物多样性具有重要作用。它们能够适应城市的环境条件,为城市中的野生动植物提供适宜的栖息地。然而,在城市绿地与廊道的建设中,往往忽视了本土植物的种植和利用,取而代之的是一些外来物种。这不仅破坏了城市的生态平衡,也影响了生物多样性的保护。

针对这些问题,我们应该在城市规划和建设中注重植物的选择和配置。要充分利用地域特色,选择具有地方特色的植物进行种植,打造具有个性的城市绿地景观。同时,要积极寻找和培育地标性植物,提升城市的文化品位和知名度。此外,要重视本土植物的种植和利用,维护城市的生态平衡和生物多样性。

4.4 城市生态系统的可持续发展

城市,作为人类技术进步、经济发展和社会文明的结晶,同时也成为环境污染和生态破坏的焦点。由于城市人口、物资、能量和信息的高度集中,自然生态系统经历了剧烈的变化,并引发了一系列影响居民生活质量的人类生态问题。当前,全球公民正面临着温室效应、酸雨、臭氧层耗损以及人口、资源、环境、能源和食物等多重危机,这些问题与城市化和工业化过程紧密相连。

正如《中国 21 世纪议程》所指出的那样,人类在漫长的奋斗过程中,虽然在改造自然和推动经济发展方面取得了显著的成就,但同时也因为工业化过程中的处置不当,特别是对自然资源的不合理开发利用,造成了全球性的环境污染和生态破坏。这些问题不仅关乎城市的可持续发展,更对居民的生活质量和健康产生着深远影响。

4.4.1 城市生态系统所面临的困难与挑战

4.4.1.1 生态环境质量的显著下降

城市化进程中,大量的自然生境被转化为建设用地,导致生态环境遭受破坏。这种破坏直接体现在空气质量的下降、水资源的短缺与污染以及土壤污染加剧等多个方面。例如,北京近年来频繁遭受雾霾天气的困扰,$PM_{2.5}$ 浓度严重超标,对居民的健康造成严重威胁。类似的情况也在全球范围内的大城市中频繁出现,凸显了空气污染问题的普遍性和严重性。此外,随着人口增长和工业发展,水资源的供需矛盾也日益加剧,许多城市正面临着严重的水资源短缺问题。同时,工业废水和生活污水的排放也加剧了水资源的污染,对居民的生活用水质量造成严重影响。这些环境问题不仅影响了居民的生活质量,也对城市的可持续发展构成了严重威胁。

4.4.1.2 生物多样性的严重丧失

城市化进程中,野生动植物的栖息地逐渐丧失,生物多样性受到严重威胁。以伦敦为例,随着城市的扩张,湿地、草地等自然生境被大量占用,导致鸟类、昆虫等野生动植物种群数量大幅减少。生物多样性的丧失不仅影响了生态系统的稳定性和功能完整性,也降低了城市居民的生活质量和福祉。这种丧失使得城市生态系统的抵抗力和恢复力下降,加剧了生态风险和灾害的发生概率。

4.4.1.3 绿色空间的不断缩减

绿色空间是城市居民休闲放松、接触自然的重要场所,对于维护城市居民的身心健康具有重要意义。然而,在城市化进程中,随着城市用地的不断扩张和人口密度的增加,大量的绿色空间被占用或破坏。以纽约为例,过去为了满足不断增长的人口和经济发展的需求,大量公园、绿地被转化为建筑用地。绿色空间的减少使得城市居民难以享受到自然环境的益处,加剧了城市热岛效应等环境问题。这不仅影响了居民的生活质量,也对城市的生态环境和可持续发展构成了严重威胁。

4.4.1.4 水资源管理的巨大挑战

城市对水资源的需求巨大,但供给却日益紧张。以悉尼为例,该市在2000年前后遭遇了严重的干旱危机,水资源短缺问题凸显。尽管采取了多种措施如限制用水、推广节水器具等,但随着气候变化和人口增长等因素的影响,水资源管理仍然面临着巨大的挑战。如何实现水资源的可持续利用和保护已经成为当前城市生态系统管理面临的重要任务之一。这要求城市管理者在制定城市规划和管理政策时,必须充分考虑水资源的可持续利用和保护需求,采取有效的节水措施、雨水收集利用和中水回用等手段,以实现城市水资源的高效利用和保护。

4.4.1.5 城市交通的拥堵

城市交通拥堵是许多大城市共同面临的问题。随着人口和车辆数量的不断增加以及道路容量的有限性,交通拥堵现象日益严重。以东京为例,尽管其拥有高度发达的城市交通系统,但在高峰时段和繁忙区域仍然难以避免拥堵现象的发生。交通拥堵不仅影响了居民的出行效率和生活质量,也加剧了空气污染和噪声污染等问题。为了缓解交通拥堵现象并改善城市交通环境,许多城市采取了多种措施如发展公共交通、限制私家车使用、建设智能交通系统等。然而,仍然需要进一步的努力和创新来解决城市交通拥堵问题并实现可持续的城市交通发展。

为了应对这些挑战并推动城市的可持续发展,我们需要从环境生态工程的角度出发采取综合性的措施。这包括加强生态环境保护以改善空气质量和水资源状况;恢复和保护生物多样性以维护生态系统的稳定性和功能完整性;增加绿色空间以提供休闲放松和接触自然的场所;合理利用和保护水资源以实现可持续的水资源管理;以及缓解城市交通拥堵以改善居民的出行体验和生活质量。同时,也需要加强公众教育和参与程度以提高居民对生态环境保护的意识和责任感共同推动城市的可持续发展。

4.4.2 海绵城市

随着经济的迅猛增长,我国城市面临的水安全与环境挑战日趋严重,资源环境的制约也日益显著。为了应对这些问题,国家政府高度重视并出台了一系列相关政策。习近平总书记于2013年12月12日在中央城镇化工作会议上发表重要讲话,强调在城市规划建设的每一个环节,都必须深思其对自然的影响,坚决避免打破自然系统的平衡。他特别提出构建能够自然积存、自然渗透、自然净化的"海绵城市",以有效应对城市水资源短缺、洪涝灾害及地下水污染等挑战。为此,中共中央和国务院办公厅已多次发文,积极推动海绵城市的建设,全国33个省、自治区、直辖市均出台了鼓励海绵城市建设的政策。

"海绵城市"理念在国家政策的推动下逐渐得到广泛认可和实施。这一理念又称"水弹性城市",形象地比喻城市能够像海绵一样,在降雨时高效吸收、存储、渗透和净化雨水,从而有效补充地下水,实现雨水资源的最大化利用。在干旱时期,这些存储的水资源又可以被释放出来,确保水在城市中的自然流动与循环。在学术领域,这一理念被称为"低影响开发雨水系统构建"。

实际上,"海绵城市"这一概念在中国并非全新。早在2003年,俞孔坚等在出版的《城市景观之路:与市长们交流》一书中就已提及,用以描述自然湿地和河流等城市自然元素在调节城市旱涝灾害中的重要作用。追溯至中国古代,诸如"天水不外泄"、"四水归堂"、"南面风水塘"等雨水资源利用措施早已出现,展现了与当代"海绵城市"理念相通的雨水调蓄思想。

自国家政策推动以来,我国海绵城市建设取得了显著进展。截至2018

年底,已确立30个海绵城市试点,试点建设区域面积超过600平方千米,近三年直接带动的投资规模约达4000亿元人民币。许多非试点城市也开始着手建设海绵城市,涉及环保、市政、园林、交通等多个领域。预计未来海绵城市建设的市场份额将达到约6万亿元人民币。

海绵城市建设不仅具有显著的经济效益,能够降低基础设施的维护成本,提升城市品质和环境容量,还能有效利用雨水、再生水等非传统水资源,为缺水地区的发展提供新的解决方案。同时,它在环境方面的效益也十分突出,能够有效改善城市黑臭水体问题,加强城市污水处理,提高城市人均公园绿地面积和建成区绿地率。此外,海绵城市建设还能带来良好的社会效益,有助于缓解城市"热岛效应",实现"小雨不积水,大雨不内涝,水体不黑臭"的宜居环境目标。

4.4.2.1 海绵城市基本原理

海绵城市是一种创新的城市建设模式,其核心原理在于模拟和增强自然界的水循环过程。这一理念主张城市应像海绵一样,在雨水充沛时能够高效地吸收、储存和净化雨水,并在干旱时期释放和利用这些储存的水资源,以保持城市水环境的动态平衡。传统城市建设中,硬质化的地面和建筑改变了自然的水文过程,导致雨水无法有效渗透和储存,从而引发洪涝和干旱等水问题。海绵城市理念则通过恢复和增强城市地表的渗水性、滞水性和蓄水性,使城市能够更好地适应自然的水文循环过程。在海绵城市的建设中,注重采用透水铺装、绿色屋顶、下沉式绿地、雨水花园等措施,以增加城市地表的渗水性;通过设置植草沟、雨水塘等雨水滞留设施,延缓雨水径流的速度和时间,增加雨水的下渗量;同时,通过建设地下储水设施、回用雨水等方式,提高城市对雨水的利用能力。这些措施共同作用,使得海绵城市能够在雨水充沛时有效地吸收和储存雨水,减轻城市排水系统的压力,减少洪涝灾害的发生;在干旱时期,则可以利用储存的雨水补充城市用水需求,缓解水资源短缺的问题。此外,海绵城市的建设还注重与生态系统的保护和恢复相结合,通过保护和恢复湿地、河流等自然水体,增强城市水生态系统的服务功能,提高城市对气候变化的适应能力。

海绵城市的基本原理是以水循环过程为基础,通过恢复和增强城市地表的渗水性、滞水性和蓄水性等措施,模拟和增强自然界的水循环过程,使城市能够更好地适应自然的水文循环过程,实现城市水环境的动态平衡和可持续发展。

4.4.2.2 国内外海绵城市理念及技术概况

海绵城市作为一种创新的城市建设理念,旨在通过模拟和增强自然界的水循环过程,解决城市洪涝和水环境问题。这一理念在国内外得到了广泛的关注和实践,形成了一系列的技术措施。

水文模型作为分析和评估城市水文循环的重要手段,在海绵城市建设措施实施之前,可用于评价分析数据信息采集与模拟。2014年颁布的《海绵城市建设技术指南》也强调通过水文模型与相关计算从而优化城市控制性详细规划涉及的各项指标。结合城市化对水文过程影响机制的研究成果,国内外集成了各种水文模型,根据适用对象可以划分为流域、城市和单元等类型(表4-3)。

表4-3 适用于海绵城市建设的常见模型

模型名称	模型尺度	应用
城市暴雨洪水管理模型	流域、城市、单元	美国南佛罗里达州用该模型监测和管理城市降雨及径流,检验它在小亚热带城市集水区的适用性
丹麦排水管网模型	流域、城市	瑞士洛桑使用该模型在污水处理厂和流域进行校准和验证,并预测工程与自然水系统的相互作用
半分布式水文模型	流域、城市	倪用鑫等采用该模型在黄河中游府谷至吴堡区间进行洪水模拟,对区域径流变化控制和防洪有重要意义
城市暴雨处理及分析集成模型系统	城市、单元	邵明等采用该模型在迁安市绿化工程中进行最佳选址分析,基于GIS数据详细阐述其在海绵城市建设中的作用并进行绿地设计

续表4-3

模型名称	模型尺度	应用
美国水土评估模型	流域	美国得克萨斯州博斯克河流域开发项目中运用该模型进行非点源污染研究
流域水文水质模拟程序	流域	加拿大安大略省南部利用流域性质模拟年流量并进行校准
伊利诺斯城市排水模型	城市	岑国平以北京百万庄小区为例,基于实测径流资料对该模型进行检验,且论证了它在不同场合的模拟情景
现代排水模型软件技术	城市	拉脱维亚为进行城市供水服务升级,建立系统的数学模型,并缓解水力超载导致的洪水和污染问题
源头负荷和管理模型	城市	Kabbes等运用该模型在芝加哥附近两个子流域进行污染物负荷量预测,并配置成本效益最高的管理措施
生物滞留池模拟设计	单元	孙艳伟等采用该模型模拟生物滞留池的各项要素,研究其灵敏度和水文效应

国外海绵城市技术的发展起步较早,以绿色基础设施(green infrastructure,GI)为主,注重雨水资源的利用和生态环境的保护。通过城市景观与市政层面的规划与设计,国外广泛运用雨水花园、植草沟、生物滞留池和透水铺装等小尺度技术措施,旨在从城市建筑和景观绿化入手,增加和维系调水蓄水的天然载体。这些措施在居住区景观规划设计和局部给排水规划中得到了广泛应用,有效提升了城市的集水能力和污水净化功能。同时,国外也注重流域治理与径流控制措施的应用。通过构建流域调蓄系统、自然保护区湿地和河湖拦蓄等设施,有效处理了降雨时的溢流污染及地区积水问题。这些措施以维持水文平衡为目的,缓解了因建设尺度不一而造成的实施困境,为城市的可持续发展提供了有力支撑。

国内海绵城市理念,也得到了政府的高度重视和大力推广。自2014年颁布《海绵城市建设技术指南》以来,国内各城市纷纷开展海绵城市试点建设,探索适合自身特点的技术措施和发展路径。在居住区景观规划设计和局部给排水规划中,国内试点城市大多参考国外的小尺度技术措施进行分散式的海绵体布局,以增加集水能力和污水净化功能。同时,各城市也根据自身的实际情况和需求,选用可兼顾项目系统性和可实施性的海绵城市技术措施。但是,国内海绵城市实践在取得一定成果的同时,也面临着一些挑战和问题。例如,在应对大雨甚至暴雨等极端天气情况时,现有的海绵城市技术措施是否能够发挥有效作用还有待进一步检验。此外,海绵城市的建设需要跨部门、跨领域的协作和配合,如何形成有效的合作机制也是未来发展中需要解决的问题。

4.4.2.3　中国特色海绵城市建设

海绵城市建设理念在国外主要聚焦于解决城市暴雨涝灾、雨水收集利用以及城市景观美化等方面。然而,在我国,由于经济快速增长带来的环境恶化问题,如水体黑臭,以及城市化进程中城市水规划的缺失,使得海绵城市建设面临更为复杂的挑战。因此,我们必须以系统工程的思维来推进城市水环境规划和海绵城市建设。这是国家级的行动,符合我国当前的重大需求。我们应遵循国务院办公厅关于推进海绵城市建设的指导意见,加快海绵城市的建设步伐,以修复城市水生态、增强城市防洪排涝能力、提升公共产品有效投资、推动新型城镇化高质量发展,进而促进人与自然和谐共生。

习总书记提出要"建设自然积存、自然渗透、自然净化的'海绵城市'"。应该倡导以自然为先导,以循环为关键,以功能为切入点的城市水系统综合规划与整治。因此海绵城市建设的核心目标是通过综合采取"渗、滞、蓄、净、用、排"等措施,最大程度地减轻城市开发建设对生态环境的负面影响,并确保至少70%的降雨能够就地消纳和利用。借助海绵城市良好的"弹性",应对环境变化和自然灾害,尤其重点解决城市洪涝灾害和水环境恶化等问题。同时,海绵城市还需实现地表水、污水、生态用水、自然降水、地下水等水资源的统筹管理、保护与利用,充分考虑水资源、水环境、水生态、水安全以及水文化等多方面因素,有效缓解城市热岛效应,确保社会水循环与自然水循环的顺畅衔接。城市水循环系统见图4-5。

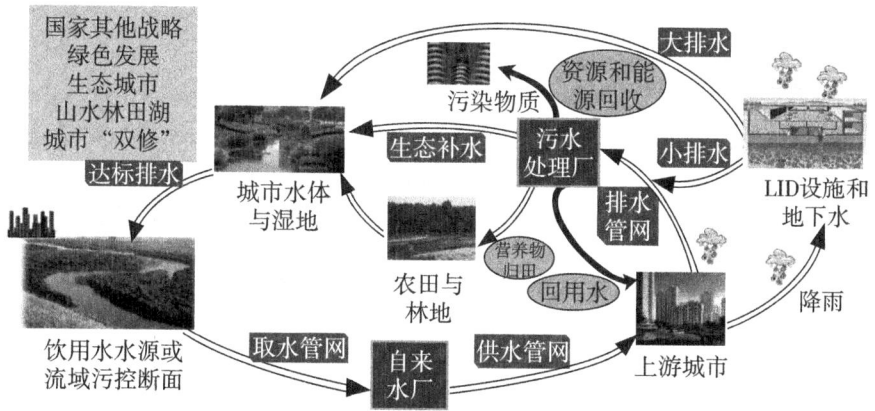

图4-5 城市水循环系统4.0版

海绵城市的建设不仅是城市建设模式的重要转型,更是对未来环境需求的深度回应和长期规划。它强调政府引导与社会参与的紧密结合,以实现源头减排、过程控制、系统治理等多重目标,进而确保水资源的可持续利用和城市的生态健康。在实施过程中,海绵城市坚持生态优先、安全为重,并因地制宜地推进各项建设措施。然而,随着城市发展的复杂性和多样性日益增加,海绵城市建设也面临着诸多挑战,如城市水陆区域的自然过渡、社会效益与可持续发展的平衡等。因此,未来的海绵城市建设需要更加注重跨学科的研究与合作,尤其是社会学领域的融入,以共同推动城市的绿色、智慧和韧性发展。通过不断完善和创新,海绵城市将成为实现习总书记所倡导的"建设生态文明,让人民生活更美好"目标的重要途径。

思考题

1. 请简述城市生态系统与自然生态系统的主要区别,并说明这些区别如何影响城市生态系统的稳定性和可持续性。

2.城市生态系统中的能量流动和物质循环与自然生态系统有何不同？请举例说明城市生态系统中能量流动和物质循环的特点，并探讨其对城市环境的影响。

3.在城市生态系统中，人类活动对生物多样性有何影响？请分析城市化进程中生物多样性丧失的原因，并提出保护和恢复城市生物多样性的措施。

4.请阐述城市绿地在城市生态系统中的作用。如何通过规划和管理城市绿地，提升城市生态系统的服务功能和居民的生活质量？

5.面对城市生态系统面临的挑战，如气候变化、资源短缺、环境污染等，请提出具体的应对策略和措施，以实现城市生态系统的可持续发展。

第 5 章 农业生态系统

5.1 农业生态工程的发展历史及现状

5.1.1 国外农业生态工程的发展

自 20 世纪 70 年代初以来,面对日益严峻的资源与环境问题,农业生态工程逐渐在全球范围内得到关注与发展。西方发达国家在这方面走在了前列,为解决石化农业带来的诸多弊端,积极探索并发展了多种形式的替代农业。这些替代农业模式虽各具特色,但共同的目标都是保护生态环境、合理利用自然资源以及确保农业生态系统生产力的持续发展。

在美国,有机农业成为替代农业研究的主要方向。自 J. I. Rodale 于 1942 年创立第一家有机农场起,有机农业的理念和实践逐渐在美国得到推广。美国政府也对此给予了重视,美国农业部曾于 1979 年成立专门小组对有机农业进行广泛调查,并肯定了其作用。然而,有机农业的提法因其狭窄性而受到了一些质疑,因此在其基础上提出了再生农业和持久性农业的概念,它们与有机农业之间并没有严格的界限划分。

与美国不同,西欧各国的替代农业研究更侧重于生物农业和生物动力农业。这些国家的农民积极参与到这一实践中,畜牧业在其中占据了很大比重。英格兰和威尔士的有机农场调查显示,这些农场的规模各异,包括专业奶牛场、畜牧场、综合农场和种植场等。在德国,从事有机生物农业的农户数量虽然不多,但也在稳步增长。荷兰则通过国家实验农场对替代农业系统进行了比较研究,涉及生物动力农业、综合农业和常规农业三个系统,研究内容包括土壤肥力、牧畜和作物的健康产量、农场经营以及对自然和环境的影响等方面。

在亚洲,一些国家也开展了生态农场的研究和建设。菲律宾的马雅农场和泰国的蜀农场是实行立体种养与资源循环利用的典型代表。这些农场通过合理配置生物种群,实现资源的高效利用和生态环境的保护。日本的学者则致力于自然农业的研究,强调土壤微生物在适宜条件下的正常发展对土壤肥力和生产力提高的重要性。

然而,尽管国外在农业生态工程方面进行了大量实践和研究,但仍然存在一些问题和挑战。目前,国外与农业生态工程有关的研究多以具体农场或工厂的实践为主,而科学研究多以调查研究为主,相对还比较薄弱。此外,国际生态工程的研究在环境保护和污染物处理与利用工程上发展较快,但在农业生态工程研究方面则相对滞后。

因此,未来国外农业生态工程的发展需要进一步加强科学研究和技术创新,探索更加高效、可持续的农业生产模式。同时,还需要加强国际合作与交流,借鉴其他国家的成功经验和做法,共同推动全球农业生态工程的健康发展。在这个过程中,我国农业生态工程的成就和经验也将为世界各国提供有益的参考和借鉴。

5.1.2 我国农业生态工程的发展历史及现状

5.1.2.1 我国古代农业生态工程

我国古代农业生态工程的发展,可谓是源远流长,凝聚了中华民族几千年的智慧与汗水。在这漫长的历史长河中,我们的祖先运用原始的生态学思想,通过一系列综合措施来维持农业生态系统的平衡,为后世留下了宝贵的农业遗产。

(1)因地制宜原理的运用。早在春秋战国时期,我国就已有了因地制宜的农业思想。《管子·牧民》国颂篇中提到:"不务天时,则财不生;不务地利,则仓廪不盈",强调农业生产要顺应天时、地利。这一思想在后世农书中得到了进一步的发展和阐述。如《齐民要术》中明确指出:"顺天时,量地利,则用力少而成功多",强调了因地制宜、因时制宜的重要性。在这些基本思想的指导下,我国古代农业采取了多种措施,如合理耕作、轮作休耕、农田水利建设等,以实现资源的可持续利用和农业生态系统的平衡。

(2)生物多样性原理的应用。为了满足人们生活的基本需求,我们的祖先在农业生产中经常采用混作方式,以防止灾害发生时颗粒无收。《汉书·食货志》中就有"种谷必杂五种,以备灾害"的记载。这种混作方式不仅提高了农业生态系统的稳定性,还有效地利用了自然资源。此外,我国古代农业还注重合理搭配种群、多层次利用资源。如桑树与苎麻的间作、稻田养鱼等,都是生物多样性在农业生产上的成功应用。这些措施不仅提高了土地的利用率,还增加了农业生态系统的生物多样性,使其更加稳定、可持续。

(3)食物链原理的认识与运用。我国古代人民对食物链的认识也非常深刻。他们不仅了解食物链中的生物之间的关系,还知道如何利用食物链为农业生产服务。如《岭表录异》中记载的养枭捕鼠、养草鱼除草等,都是运用食物链原理的典型例子。这些措施不仅有效地控制了害鼠和杂草的危害,还提高了农业生态系统的生产力和稳定性。此外,我国古代农业还注重利用天敌控制害虫的数量,如《渭崖文集·五山志林的辨物》篇中提到的"鸭能啖蟛蜞"的叙述,就是利用天敌控制害虫的成功实践。

综上所述,可以看出我国古代农业生态工程已经具备了雏形。这些原始的生态工程原理和技术,如因地制宜、生物多样性、食物链等,在我国古代农业生产中得到了广泛的应用。这些措施不仅提高了农业生态系统的生产力和稳定性,还实现了资源的可持续利用和环境的保护。同时,这些原始的生态工程原理和技术也为后世农业生态工程的发展奠定了坚实的基础。

5.1.2.2 我国现代农业生态工程的研究进展与前景

自20世纪70年代末至今,生态工程作为一种新兴的跨学科领域,在我国得到了广泛而深入的研究。特别是在农业领域,生态工程的应用与实践为我国农业的可持续发展开辟了新的道路。通过整合生态学、农学、环境科学等多学科知识,我国农业生态工程在改善农业生产环境、提高农业资源利用效率、促进农业与生态环境的协调发展等方面取得了显著成效。

(1)我国农业生态工程研究的特点与成就：

①研究对象广泛且综合性强。我国农业生态工程的研究对象不仅涵盖了种植业、畜牧业等传统农业领域，还拓展到水产养殖、有机废弃物资源化利用、农林复合经营等多个方面。这种广泛性和综合性使得我国农业生态工程能够更好地适应不同地区的农业生产条件和需求，为农业生产提供全方位的技术支持。

②注重生产、经济、生态效益的协同提升。我国农业生态工程研究始终坚持以提高农业生产效益为核心，同时注重经济效益和生态效益的协同提升。通过优化农业生产结构、改善农业生产环境、提高农业资源利用效率等措施，实现了农业生产的高效、可持续和绿色发展。这种协同提升的理念使得我国农业生态工程在推动农业可持续发展的同时，也为农民增收和农村经济发展做出了积极贡献。

③传统农业技术与现代科技的深度融合。我国传统农业中积累了丰富的耕作经验和精湛的农业技术，这些技术在符合生态学原理的前提下，仍然具有实际应用价值。我国农业生态工程研究注重传统农业技术与现代科技的深度融合，通过引入生物技术、信息技术、新材料技术等现代科技手段，对传统农业技术进行改造和升级，形成了具有中国特色的现代农业生态工程技术体系。这种融合不仅提高了农业生产的科技含量和智能化水平，也为传统农业技术的传承和发展注入了新的活力。

④政府的大力支持与引导。我国政府对农业生态工程给予了高度重视和大力支持。通过制定相关政策、投入专项资金、建立示范基地等措施，推动了农业生态工程的研究和实践。同时，政府还积极引导社会资本和民间力量参与农业生态工程建设，形成了多元化的投入机制和广泛的社会参与氛围。这种政策引导和社会支持为我国农业生态工程的发展提供了有力的保障和动力。

(2)我国农业生态工程面临的挑战与问题。尽管我国农业生态工程研究取得了显著成就，但仍面临一些挑战和问题。其中，理论与实践结合不够紧密是一个突出的问题。有些农业生态工程模式在理论上具有可行性，但在实际应用中难以推广或效果不佳。这主要是由于理论研究与实践需求之间存在一定的脱节,导致研究成果难以转化为实际应用。此外,农业生态工程研究还面临着技术创新不足、政策支持力度不够、农民参与度不高等问题。

(3)我国农业生态工程的发展趋势与展望。

①研究范围将进一步扩展和深化。随着生态文明建设的深入推进和农业可持续发展的需求日益迫切,我国农业生态工程的研究范围将进一步扩展和深化。未来,农业生态工程将更加注重对农业生产全过程的生态化改造和优化,涵盖从农田土壤管理、作物种植、畜禽养殖到农产品加工、销售等各个环节。同时,还将加强对农业生态系统整体功能和稳定性的研究,探索更加高效、环保、可持续的农业生产模式。

②技术创新将成为发展的核心驱动力。技术创新是推动农业生态工程发展的关键。未来,我国将加大对农业生态工程领域的技术研发投入,鼓励科研机构和企业开展联合攻关和技术创新。通过引入新技术、新材料、新工艺等手段,突破制约农业生态工程发展的技术瓶颈,提升我国农业生态工程的整体技术水平和国际竞争力。

③政策支持和法规保障将更加完善。为了推动农业生态工程的健康发展,我国将进一步完善相关政策法规和支持体系。通过制定更加优惠的财政税收政策、加大金融支持力度、建立健全市场监管机制等措施,为农业生态工程的发展提供良好的政策环境和法制保障。同时,还将加强对农业生态工程示范基地和龙头企业的扶持力度,推动形成一批具有示范带动作用的农业生态工程项目和产业集群。

④农民参与度和公众认知度将不断提高。农民是农业生态工程的直接受益者和重要参与者。未来,我国将更加注重发挥农民在农业生态工程建设中的主体作用,通过加强宣传教育、提供技术培训和服务支持等措施,提高农民对农业生态工程的认知度和参与度。同时,还将加强对社会公众的宣传普及工作,提升公众对农业生态工程的认知度和支持度,为农业生态工程的推广和实施营造良好的社会氛围。

5.2 农业生态工程基本原理与设计思路

农业生态工程,作为一种融合生态学原理与农业生产技术的综合性体系,其核心目标在于实现经济效益与生态效益的和谐统一,进而推动农业生产的稳定与持续发展,为农村经济注入持久动力。在设计与建设农业生态工程时,我们必须遵循一系列基本原则,以确保其科学性与实效性。这些原则不仅指导着我们的实践,更是我们不断优化农业生产方式、提升农业生态系统整体功能的重要依托。

5.2.1 系统原理

系统的概念,最初在20世纪初由L. Von Bertalanffy 提出,它描述了一个由多个相互关联的组成部分所构成的整体,这个整体与其周围环境发生着密切的互动。随着时间的推移,系统理论逐渐渗透到各个学科领域以及我们的日常生活中,使得人们在讨论系统时,常常能够超越原有的概念界限,以更加通俗和易懂的方式来进行阐述。然而,无论系统理论如何发展和演变,它都始终基于一些核心的原理。这些原理构成了系统理论的基础,帮助我们更好地理解和应用系统的概念和方法。

5.2.1.1 整体性和综合性原理

系统的整体性,或称系统功能的整合性,是指系统作为一个整体所发挥的功能大于其各个组成部分功能的简单叠加。系统的每个要素都与其他要素相互关联,任何一个要素的变化都会对整个系统产生影响。因此,系统的整体性质和行为不能简单地归结为各个要素的性质之和,而是需要考虑要素之间的关系和相互作用。

整体性原理是系统科学中的核心原理之一,它强调系统作为一个整体的独特性和不可分割性。与机械论的观点不同,整体性原理认为系统的性质不是其组成部分性质的简单总和,而是由组成部分之间的相互作用和关系所决定的。为了理解一个系统,我们不仅需要了解其各个组成部分,更重要的是要深入了解它们之间的关系和相互作用。只有这样,我们才能从整体上把握系统的本质和规律。这种整体性观点在生物学、社会学、经济学等多个领域都有广泛的应用。以胚胎学为例,鲫鱼的胚胎发育过程表现出了整体性原理的特点。在鲫鱼受精卵发育的早期阶段,如果人为地将胚胎切割成两部分,这两部分并不会分别发育成半个幼鱼。相反,每一部分都有可能继续发育,形成一个完整但体型较小的胚胎和幼鱼。这表明,系统的整体性质和行为不能简单地通过切割或分离来理解和解释。

因此,整体性原理要求我们从整体上研究和理解系统,关注系统内部各要素之间的相互作用和关系。这也是一般系统论所强调的"关系整体"的科学方法。通过这种方法,我们可以更深入地了解系统的本质和规律,为实际应用提供有力的支持。

5.2.1.2 有机关联性原理

有机关联性原理是系统科学中的一项基本原理,它强调系统内部各要素之间以及系统与环境之间存在着有机的联系和相互作用。这种有机联系是系统整体性的重要保证,也是系统具有特定功能和行为的基础。在任何一个系统中,各个要素之间都不是孤立存在的,它们通过各种方式和机制相互关联、相互作用,共同构成系统的整体。这种有机联系不仅存在于系统内部各要素之间,也存在于系统与其外部环境之间。系统与环境的有机联系使得系统具有开放性质,能够与外界进行物质、能量和信息的交换,从而实现系统的动态平衡和发展。

以非洲草原生态系统为例,狮子、斑马和草地构成了一个紧密相互关联的系统,通过食物链上的捕食关系维系着彼此的存在。在这个系统中,大约需要1500~2000匹斑马才能满足一个由10头狮子组成的群体一年的食物需求(考虑到每匹斑马平均每年能繁衍3~5匹后代)。而每匹斑马每年又要消耗约10吨的饲料,生产这些饲料则需要大面积的草地,因此这样的狮子群体至少需要约200平方千米的草原才能维持其生态平衡。

珊瑚礁生态系统同样体现了有机关联性原理。在这个系统中,珊瑚、藻类以及各种海洋生物之间形成了复杂而微妙的共生与捕食关系。珊瑚虫与共生的藻类(如虫黄藻)紧密结合,共同构建出珊瑚礁的骨架。这些藻类通过光合作用为整个系统提供源源不断的能量,而这些能量又支撑着珊瑚礁上其他生物的生存和繁衍。小型鱼类、虾蟹等生物通过摄食藻类、珊瑚虫的排泄物以及死亡的珊瑚组织来获取必要的营养物质,而它们本身又成为更大生物如大型鱼类、鲨鱼、海龟等的食物来源。这样,一个错综复杂的食物链就在珊瑚礁生态系统中形成了。

然而,珊瑚礁生态系统的稳定并非易事。光照、水温、水质等环境因素的微小变化都可能对藻类的生长和繁殖产生重大影响,进而波及整个生态系统的平衡。例如,当光照不足或水温过高时,藻类的光合作用效率会下降,导致系统能量供应减少,进而影响到其他生物的生存状况。因此,要维护珊瑚礁生态系统的平衡和稳定,就必须从整体上保护其环境条件的适宜性,减少人类活动对其造成的干扰和破坏,并加强对其的监测和管理。

这些例子清楚地表明,有机关联性原理要求我们在研究生态系统时,不仅要关注各个组成要素的特性和功能,更要深入理解它们之间的相互作用和联系。只有这样,我们才能全面把握生态系统的本质和运行规律,为实际应用提供有力的支持。同时,我们也应该意识到保护和维护生态系统内部及其与环境之间的有机联系的重要性,以实现生态系统的可持续发展和人与自然的和谐共生。

5.2.1.3 动态性原理

生态系统的动态性原理强调,任何生态系统及其组分都始终处于一种连续不断的变化过程中。这种变化不仅体现在系统内部结构的空间分布上,也体现在系统随时间而发生的演变上。

首先,从系统内部结构的空间分布来看,动态性原理指出,生态系统中的组分并不是固定不变的,而是会随着时间的推移而发生变化。例如,在森林生态系统中,随着林龄的增长,树木的种类和数量可能会发生变化,导致森林的结构和功能发生变化。这种变化可能是由于树种间的竞争关系、环境条件的改变或人为干扰等因素引起的。

其次,从系统随时间而发生的演变来看,动态性原理认为,生态系统会经历一系列的发展演变过程。这种演变可能是由于生物群落的演替、环境条件的改变或外部干扰等因素引起的。例如，在草原生态系统中，随着季节的变化，草原上的植物群落会发生演替，从早春的嫩芽到盛夏的繁茂，再到秋冬的凋零，每个季节都有不同的植物种类和数量占据主导地位。这种演替过程不仅影响着草原生态系统的结构和功能，也为动物提供了丰富的食物和栖息地。

为了更具体地说明动态性原理，我们可以以热带稀树干草原为例。在这个生态系统中，土壤条件的变化会导致草原上植物群落的变化。例如，在淋溶土、崩积土和淀积土等不同类型的土壤上，会形成不同类型的干草原或稀树干草原。这些草原上的植物种类和数量也会随着时间的推移而发生变化。同时，这些变化又会影响着草原上动物群落的分布和数量。例如，在雨季时，所有的食草动物都会聚集到长有浅草的高地上；而在旱季时，这些动物则会被迫向洼地迁移。这种迁移过程不仅反映了动物对环境条件的适应性，也体现了生态系统动态性原理的应用。

5.2.1.4 协同性原理

协同性原理是生态系统中的核心原则之一，强调生物种群间的合作与共生关系对于维持生态平衡和促进生物多样性的重要性。与竞争关系相比，协同作用更注重生物之间的相互依赖和互利共赢。从偏利作用到原始合作，再到互利共生，这些协同关系在生态系统中不断发展和深化，形成了复杂而稳定的生态网络。这些协同关系不仅有助于维持生态系统的平衡和稳定，还促进了生物多样性的增加和生态系统的可持续发展。因此，在农业生态工程的研究和应用中，我们应充分认识和利用这些协同关系，以保护和促进生态系统的健康和可持续发展。

（1）偏利作用与初步协同。在生态系统中，偏利作用是一种较为初级的协同形式。它指的是一个物种从另一个物种处获得利益，而对后者没有显著影响。例如，某些海洋生物会利用其他生物体作为隐蔽所或栖息地，如共栖蟹在牡蛎壳内寻求保护。这种关系虽然对一方有利，但并未对另一方构成伤害，因此可以视为一种初级的协同作用。

(2)原始合作与互利共生。原始合作是协同作用的进一步发展,它涉及两种或多种生物之间的互利关系。在这种关系中,每个物种都从与另一个物种的相互作用中获得好处。例如,蟹类与某些腔肠动物之间的合作就是一个典型的例子。腔肠动物附着在蟹背上,利用蟹的移动能力来获取食物和更广泛的栖息地,而蟹则利用腔肠动物的刺细胞作为防御手段。这种互利关系有助于两种生物在生态系统中的共同生存和繁衍。

互利共生是协同作用的最高形式,它要求两种生物在生理、生态和进化上形成紧密的相互依赖关系。在这种关系中,一个物种的生存和繁衍完全依赖于另一个物种。例如,固氮细菌与豆科植物之间的共生关系就是一个典型的实例。固氮细菌能够将空气中的氮气转化为植物可吸收的氮素营养,而豆科植物则为细菌提供生存环境和能量来源。这种紧密的相互依赖关系使得两种生物在生态系统中形成了牢不可破的联盟。

(3)微生物与动植物的协同作用。微生物在生态系统中扮演着重要的角色,它们与动植物之间的协同作用也是协同性原理的重要体现。微生物能够分解有机物质,释放出营养元素供植物吸收利用;同时,它们还能与动物形成共生关系,帮助动物消化难以降解的食物成分。例如,在反刍动物的瘤胃中,存在着大量的微生物群落,它们能够分解纤维素等复杂碳水化合物,为动物提供能量和营养来源。这种微生物与动物之间的协同作用有助于提高生态系统的生产力和稳定性。

5.2.1.5 层次性原理

层次性原理是指生态系统中的各个组成部分,从微观到宏观,都存在着明显的层次结构。这种层次性不仅体现在生物体的组织结构上,也体现在生态系统的空间结构和时间动态上。在农业生态系统中,理解和应用层次性原理对于优化系统结构、提高系统功能和实现可持续发展具有重要意义。

(1)农业生态系统的层次性。生物个体的层次性:农作物和家畜等生物个体都是由基因、细胞、组织、器官等层次构成的复杂系统。这些层次的相互作用和协调决定了生物体的生长、发育和功能。

种群和群落的层次性:同种生物个体的集合形成种群,不同种生物种群的相互作用构成群落。种群和群落的结构、动态和相互关系是农业生态系统研究的重要内容。

生态系统的层次性:农业生态系统作为一个整体,包括农田、农场、农村、地区、国家乃至全球等不同层次。这些层次在结构、功能和过程上相互联系、相互影响。

(2)层次性原理的应用。系统优化:根据层次性原理,可以从不同层次对农业生态系统进行优化设计和管理。例如,在个体层次上选择优良品种,提高生物体的生产性能;在种群和群落层次上合理配置生物种类,提高生态系统的稳定性和生产力;在生态系统层次上协调农业、林业、牧业和渔业等部门,实现资源的循环利用和环境的保护。

问题研究:层次性原理也为农业生态系统的问题研究提供了指导。当系统出现问题时,可以从不同层次进行分析和诊断,找出问题的根源和解决方案。例如,针对农田土壤退化问题,可以从土壤微生物、土壤理化性质、农田管理措施等不同层次进行研究和治理。

综合研究:层次性原理强调对事物的全面认识和理解。在农业生态系统的研究中,应注重不同层次的相互联系和相互作用,以及系统与环境之间的物质、能量和信息交换。通过综合研究,可以更全面地认识农业生态系统的结构、功能和过程,为系统的优化和管理提供科学依据。

5.3 生态原理

农业生态系统作为一个复杂的生态体系,其运作和维持受到一系列生态原理的支配。这些原理对于理解农业生态系统的结构、功能和动态变化至关重要,同时也为农业生态系统的优化管理提供了理论基础。

5.3.1 生物共生原理

生物共生原理强调不同生物群体在有限空间内通过结构和功能上的互利共生关系,共同构建一个充分利用有限物质与能量的共生体系。在农业生态系统中,这种共生关系可以通过稻田养鱼、农林间作等模式来实现。例如,稻田养鱼利用稻鱼共生关系,鱼类取食杂草、浮游生物等,减少养分流失,同时为稻田提供养分丰富的鱼粪;而水稻则为鱼类提供遮蔽和稳定的水温环境。这种共生模式不仅提高了水稻产量,还增加了鱼产品的收获,实现了经济和生态效益的双赢。

5.3.2　物质循环再生原理

物质循环再生原理是指生态系统中的物质通过多类型、多途径、多层次的循环流动,实现物质的再生和利用。在农业生态系统中,秸秆还田、桑基鱼塘等模式都是物质循环再生的典型应用。秸秆还田通过将农作物秸秆返回土壤,经过分解和转化,为土壤提供有机质和养分;而桑基鱼塘则通过桑树、蚕、鱼等生物链的循环,实现物质的高效利用和能量的多级转化。这些模式不仅提高了农业生态系统的生产力,还减少了环境污染和资源浪费。

5.3.3　生态系统基本动力原理

生态系统基本动力原理指出,生态系统的结构和功能取决于影响其的动力因素或限制因子。在农业生态系统中,温度、水分、光照等自然环境因子以及人为管理措施都可能成为限制因子。例如,澳大利亚某地因缺乏微量元素钼而导致牧草生长不良,后来通过施用钼肥改善了土壤条件,使苜蓿生长良好并成为重要牧场。因此,在农业生态系统管理中,需要识别并优化限制因子,以提高系统的生产力和稳定性。

5.3.4　生态系统自组织原理

生态系统自组织原理强调生态系统具有调节和反馈机制,能够适应外部环境的变化并最大限度地减轻或强化这种变化带来的影响。在农业生态系统中,害虫与天敌间的平衡关系、多元重复现象以及生态系统的内稳态机制等都是自组织原理的体现。例如,在复杂的森林生态系统中,由于食虫鸟较多,马尾松较难发生松毛虫灾害;而在马尾松纯林中则容易暴发松毛虫灾害。因此,在农业生态系统管理中应充分利用生态系统的自组织功能来提高系统的稳定性和抵抗力。

5.3.5 生态系统边缘效应原理

生态系统边缘效应原理指出生态交错带(相邻生态系统之间的过渡带)具有特殊的生态功能和生物多样性。在农业生态系统中,农田与林地、草地与水域等交错带都是典型的生态交错带。这些交错带不仅为生物提供了更多的栖息地和食物来源,还促进了不同生态系统之间的物质、能量和信息交流。因此,在农业生态系统管理中应重视保护和合理利用生态交错带资源,以提高系统的生物多样性和整体功能。同时也可通过设计和管理交错带来优化农业生态系统的结构和功能。例如,在农田边缘种植防护林或绿化带可以减少风害和水土流失;在水域附近设置湿地保护区可以净化水质并提供生物栖息地等。这些措施都有助于提高农业生态系统的稳定性和可持续性。

5.4 经济原理

在农业生态系统中,经济原理的应用是确保系统可持续性和高效性的关键。这些原理指导我们如何合理利用自然资源,保持生态平衡,同时实现经济效益。以下将详细介绍几个重要的经济原理及其在农业生态系统中的应用。

5.4.1 自然资源合理利用原理

自然资源是农业生态系统的基础,其合理利用对于系统的稳定和持续发展至关重要。自然资源分为可更新资源和不可更新资源两类。

5.4.1.1 可更新资源的利用

可更新资源,如太阳能、风能、水力能等,与地球的演变和自然界的流体力学过程紧密相关。人类对这些资源的利用通常不会影响其更新过程。然而,像森林、草原、野生动植物等生物资源的更新速度与人类的开发利用密切相关。过度利用会损害这些资源的更新能力,甚至导致资源枯竭。

因此,合理利用可更新资源的核心是保护其自我更新能力,并创造条件加速其更新。具体措施包括:直接限制收获量,确保资源的可持续利用;通过限制开发能力间接限制收获量;在法律上确定资源的归属权或使用权,明确责任和义务;通过经济手段如税收、补贴等控制开发者能够获得的利润水平,引导合理开发行为;通过人口政策减轻人口对资源的压力;以及通过替代资源的开发利用分散需求压力。

5.4.1.2　不可更新资源的利用

不可更新资源,如矿物资源和社会资源中的化肥、农药等,随着使用而逐渐消耗。对于这类资源,必须从物质循环的生态学角度出发,掌握其自然循环规律,并以对环境和自然循环过程干扰最小的方式进行开发利用。合理利用不可更新资源的基本途径包括:矿物的再循环和回收利用,提高资源利用率;资源替代,如用可更新资源替代不可更新资源或用储量大的资源替代储量小的资源;以及改进资源利用技术,提高资源利用效率。

5.4.2　生态经济平衡原理

生态经济平衡是指生态系统及其物质、能量供给与经济系统对这些物质、能量需求之间的协调状态。在农业生态系统中,生态经济平衡的实现需要考虑生态系统的承载能力和经济系统的需求。通过合理规划和管理,确保生态系统的物质和能量供给能够满足经济系统的需求,同时保持生态系统的稳定性和可持续性。

5.4.3　生态经济效益原理

生态经济效益是评价生态经济活动和生态工程项目的重要标准。在农业生态系统中,任何生态工程项目的实施都需要进行生态经济效益的分析和论证。通过比较不同方案的生态效益和经济效益,选择最优或满意的方案。讲求生态经济效益是人们从事一切经济活动的基本原则,也是实现农业生态系统可持续发展的关键。

5.4.4 生态经济价值原理

生态经济价值原理是解决生态资源价值问题的理论基础。在农业生态系统中,自然资源和环境质量都具有潜在的价值。这些价值需要通过适当的评价方法和经济手段来体现和计量。只有从理论上解决自然资源及环境质量的价值问题,才能在实际生产中充分考虑资源成本和环境代价,避免滥用和破坏自然资源的现象发生。同时,通过合理的经济激励和约束机制,引导人们更加珍惜和保护自然资源,实现农业生态系统的可持续发展。

综上所述,经济原理在农业生态系统中的应用是确保系统可持续性和高效性的关键。通过合理利用自然资源、保持生态经济平衡、追求生态经济效益以及体现生态经济价值等原理的指导和实践,我们可以实现农业生态系统的稳定、持续和高效发展。

5.5 工程原理

在农业生态系统中,工程原理的应用对于实现系统的可持续性、高效性以及环境友好性至关重要。这些原理指导我们如何合理利用自然资源,优化系统结构,减少环境污染,并促进生物多样性的保护。以下将详细介绍几个重要的工程原理及其在农业生态系统中的应用。

5.5.1 太阳能充分利用原理

太阳能是一种清洁、可再生的能源,充分利用太阳能对于农业生态系统的可持续发展具有重要意义。这一原理要求我们在工程设计和建设中,从空间布局到内部结构,都要充分考虑最大限度地利用太阳能。例如,在农业设施的建设中,如温室和养殖场,应合理布局以充分接收太阳能,提高光能利用率。同时,选择适当的植被和建筑材料,以及采用太阳能取暖和照明系统,都是实现太阳能充分利用的有效途径。此外,在建筑设计中,强调自然采光作用也是太阳能充分利用的体现。使用透光性好、热性能好的玻璃材料,可以提高建筑的采光效率,减少对人工照明的依赖。这种设计理念在生态建筑和节能型建筑中得到了广泛应用。

5.5.2 水资源循环利用原理

水资源是农业生态系统中的关键要素,但水资源短缺和水资源浪费是当前面临的主要问题。因此,水资源循环利用原理强调在工程设计中要节约和高效利用水资源,减少浪费和污染。在工业和农业领域,通过改进用水工艺和提高灌溉效率是实现水资源循环利用的重要手段。例如,采用节水灌溉系统、地下管灌、滴灌等灌溉方式,可以显著提高水的利用率,减少渠道渗漏和蒸发损失。同时,污水处理和再生利用也是实现水资源循环利用的有效途径。将经过处理的污水用于农田灌溉、水产养殖等用途,既可以缓解水资源短缺问题,又可以减少污水对环境的污染。

5.5.3 无污染工艺原理

无污染工艺原理要求在工程设计和生产中尽可能减少污染物的产生和排放,实现废物的资源化、无害化和最小化。这一原理体现在选择无毒、低毒、少污染的能源和原料,采用无污染的工艺设备,以及开发、设计、生产无毒无害的产品等方面。在农业生态系统中,无污染工艺原理的应用包括选择环保的农业生产资料,如生物农药、有机肥料等;改进农业生产技术和管理措施,减少化肥、农药的使用量;以及合理处理农业废弃物和畜禽粪便等。这些措施有助于降低农业生产对环境的污染压力,保护生态系统的健康和稳定。

5.5.4 生物有效配置原理

生物有效配置原理强调在工程设计中充分利用生态学原理,发挥生物在系统中的多种功能,以优化生产和生活环境。这一原理要求我们在进行生态工程设计时,注重生物多样性的保护和利用,合理配置植物、动物和微生物等生物要素。在农田生态系统中,通过合理的作物布局和轮作制度可以充分利用土地资源和光能资源;通过引入天敌和生物防治技术可以有效控制害虫和病害的发生;通过景观优化设计可以提升农田的生态价值和美学价值。在城市生态系统中,通过园林配置和绿化工程可以美化城市环境、调节气候、净化空气并提供休闲空间。这些实践都是生物有效配置原理在农业生态系统中的应用体现。

5.6 农业生态工程设计思路

5.6.1 背景:生态设计的起源

现代科学和工业革命推动了物理学、化学、生物学、工程学等众多分支学科的发展,使得人类能够更深入地研究和探索宇宙的奥秘。然而,这种科学观也带来了一个严重的问题:它忽略了宇宙是一个活的、各部分相互关联的整体,而将其看作是一台可以随意剖析和索取资源的机器。

在这种科学观的指导下,人类不断创新,不断掘取资源,获取财富,却忽视了自然环境的承受能力和生态系统的平衡。最终,人类发现自己正越来越多地占据着地球的有限空间,过着近似病态的生活。这一切的根源在于现有的科学世界观忽略了生态系统的整体性和相互关联性。

为了改变这种局面,人类开始反思自己的历史和行为,并寻求一种新的世界观和设计理念。生态设计就是在这种背景下提出并开始付诸实施的。生态设计强调人与自然是不可分割的整体,倡导在设计中充分考虑生态系统的平衡和环境的承载能力,以实现人类与自然的和谐共生。

5.6.2 生态设计的含义及思路

生态设计是一种全新的设计理念,它强调在设计中充分考虑生态系统的平衡和环境的承载能力,以实现人类与自然的和谐共生。这种设计理念不仅涉及建筑、规划、景观等领域,还渗透到文化、经济、社会等各个方面。

生态设计的思路可以概括为以下几点：

尊重自然：生态设计强调尊重自然规律和生态系统的平衡。在设计中，应充分考虑场地的自然条件、气候特点、植被类型等因素，尽可能减少对自然环境的破坏和干扰。

整体性设计：生态设计注重整体性原则，强调设计中各个元素之间的相互关系和协调性。在设计中，应将建筑、景观、道路等元素作为一个整体来考虑，以实现整体的最优效果。

可持续性设计：生态设计强调可持续性原则，即在设计中考虑长期的环境影响和资源利用效率。在材料选择、能源利用、水资源管理等方面，应优先选择可再生资源、高效节能技术和环保材料，以减少对环境的污染和破坏。

人性化设计：生态设计还强调人性化原则，即在设计中充分考虑人的需求和舒适度。在建筑设计、室内环境设计等方面，应注重人的感受和需求，创造舒适、健康、安全的生活环境。

5.6.3　生态设计的原则

在进行生态设计时，需要遵循一些基本原则，以确保设计的可行性和可持续性。这些原则包括：

自然分工原则：人类应将自己视为自然生态系统的一部分，并在设计中尊重自然规律和生态系统的平衡。人类的设计活动应遵从所处生态系统的要求，不可超越该生态系统的极限。

生态系统分析原则：在进行生态设计之前，需要对所研究的生态系统进行详细的分析和评价，包括系统各要素的组成特征、变化规律以及要素间的相互作用等。这为后续的设计工作提供翔实的知识基础。

历史演化机制了解原则：除了对系统要素及其过程的分析外，还需要对生态系统的历史演化机制进行必要的了解，如系统的阈限、反馈与滞后效应、恢复及消化能力以及系统约束等。这有助于更好地把握生态系统的动态变化和设计的可持续性。

和谐特征再现原则:建立在生态系统全面认识基础上的生态设计应充分发挥和再现自然生态系统的和谐特征。所有的人为设计都应为体现生态系统的潜在价值而服务,并起一种烘托作用,而不是破坏自然的节奏和形式。

共同发展原则:生态设计应以生态系统的共同发展为主旨,并首先考虑当地居民的生存与福利。设计中还应考虑当地居民的生活、生产、就业、培训等因素,以实现经济与环境的协调发展。

环境系统匹配原则:与生物、人工社会系统最吻合的环境系统就是能保证该系统健康持续发展的系统。这种功能不受层次限制,可以应用于景观中的植物配置、城市规划、国家发展等各个层面。

5.6.4 农业生态工程设计的应用

农业生态工程是生态设计在农业领域的应用和实践。它将生态学的原理和方法应用于农业生产和农村环境建设中,以实现农业生产的可持续发展和农村生态环境的改善。在农业生态工程设计中,需要遵循生态设计的原则和方法,充分考虑农业生态系统的整体性和相互关联性。具体来说,可以从以下几个方面入手:

农田生态系统设计:通过合理的农田布局、种植结构调整和耕作方式改进等措施,优化农田生态系统的结构和功能。例如,采用轮作休耕、间作套种等种植方式,增加农田生物多样性和生态系统的稳定性;利用生态农业技术,减少化肥农药的使用量,降低农业面源污染等。

养殖业生态系统设计:通过合理规划养殖场的布局和规模、优化饲养管理方式等措施,减少养殖业对环境的污染和破坏。例如,采用生态养殖模式,实现养殖废弃物的资源化利用;加强养殖场的环保设施建设和管理,防止养殖污水和废弃物的直接排放等。

农村生活环境设计:通过改善农村生活环境、提高农民生活质量等措施,促进农村生态环境的改善和可持续发展。例如,加强农村基础设施建设和管理,提高农村环境卫生水平;推广节能环保技术和清洁能源,减少农村生活污染等。

总之,农业生态工程设计是生态设计在农业领域的重要应用和实践。通过遵循生态设计的原则和方法,充分考虑农业生态系统的整体性和相互关联性,可以实现农业生产的可持续发展和农村生态环境的改善,为推进生态文明建设做出积极贡献。

 思考题

1. 农业生态系统与其他类型的生态系统(如森林生态系统、海洋生态系统)相比,有哪些独特的特点和挑战?这些特点和挑战对农业生态工程设计提出了哪些要求?

2. 在农业生态工程设计中,如何平衡农业生产的经济效益和生态环境保护之间的关系?请举例说明在具体的农业生态工程设计中,如何实现这一平衡。

3. 农业生态工程设计需要考虑哪些关键因素?这些因素如何影响农业生态系统的稳定性和可持续性?请结合实际案例进行分析。

4. 如何评估农业生态工程设计的实施效果?请提出一套可行的评估指标和方法,并说明这些指标和方法在实际应用中的可行性和局限性。

5. 随着全球气候变化和人口增长等问题的日益严峻,农业生态系统面临着哪些新的挑战和机遇?请探讨在这些新的挑战和机遇下,农业生态工程设计应如何创新和发展,以更好地应对未来的挑战并抓住机遇。

第6章 可持续发展与环境生态工程技术

自20世纪80年代初,我国便开始明确提出了防治环境污染、保护生态环境的重要指导原则,即依赖政策引导、科学管理以及技术创新。数十年来,这一理念深植于我国环保事业之中,推动了政府官员、非政府组织、科研人员、工程技术人员乃至广大民众的积极参与。他们在环保基础理论研究和污染防治技术实践方面不懈努力、成果丰硕,为社会、经济和生态效益的提升作出了显著贡献。

环境生态工程技术,作为环保事业的重要支柱,其内涵和外延也在不断发展与丰富。从最初的工业"三废"处置技术,到综合治理技术,再到区域性综合防治技术,每一步的跨越都标志着我们对环境保护认识的深化和实践能力的提升。随后,这一领域进一步扩展到自然与农业生态工程技术,体现了人与自然和谐共生的理念。同时,环境监控技术的不断完善,使得我们能够从末端控制转向全过程管理,大大提高了环境保护的效率和效果。

在可持续发展的全球背景下,清洁生产技术和可持续发展设计成为环境生态工程技术的新方向。它们不仅关注产品本身的环境性能,更强调在产品设计、生产、使用、回收等全生命周期中的环境影响最小化,体现了对环境责任的全面担当。产业生态学和生态工程的快速发展,为环境政策制定、环境管理创新、环境保护实践提供了新的视角和工具。它们共同推动了环境生态工程技术领域的不断进步,催生了一系列新技术、新概念的产生与发展。

6.1 可持续发展和清洁生产技术

传统"三废"处置技术均属末端控制技术。近20年来,在环境保护和实施可持续发展战略中,国际社会逐渐认识到从生产的源头和生产过程采用先进的无污染和零排放技术,比单纯采用末端控制技术,更能从根本上解决生态环境问题。可持续发展和清洁生产技术就是在这种背景下产生和发展的。

可持续发展和清洁生产技术是环境科学和生态学的新兴分支学科,具体内涵和外延仍未完全界定。绿色技术、清洁生产技术、生态工程技术、可持续发展技术、环境保护技术,虽然都侧重于不同方面,但是,涉及内容在很大程度上都有重叠和交叉。我们认为,可持续发展和清洁生产技术具有以下几方面的特点:①二者都不是只指某一项单一技术,而是一个技术群(集),或者说一整套技术,它不仅包括生态农业、绿色工业、清洁生产,也包括生态保护、生态恢复和重建、"三废"防治技术以及环境监测技术,这些技术间互相联系,相互补充;②可持续发展和清洁生产技术具有高度的战略性,它与区域可持续发展战略密不可分,是可持续发展战略的技术支撑体系;③二者是一个发展中的相对概念,随着社会发展、科学技术进步和产业部门的演变,二者内涵与外延都会随着环境价值观念不断变化而变化;④二者对高新技术容量很大,高新技术(电子技术、信息技术、基因工程技术、生物制药技术等)在二者中都将发挥巨大的作用,都将通过发挥高新技术的潜力减少对环境的污染,例如,信息产业和电子商务的发展,为无纸产业和无纸贸易提供了可能,从而降低造纸行业对环境的污染,尤其是造纸黑液对环境的污染;⑤二者都与区域产业布局、可持续发展战略、环境管理密切相关,都与现代环境领域中的零排放和ISO 14000管理体系密不可分,都强调从产业源头做起,强调从产品设计、原料选取、生产全过程的控制,以及产品售后使用流程做起。

6.1.1 可持续发展技术

随着全球环境问题的日益严重,可持续发展已成为当今社会的重要议题。可持续发展技术是实现可持续发展的关键手段,它强调在经济发展、社会进步和环境保护之间寻求平衡。本节将介绍可持续发展技术的核心理念、应用实例及其在环境生态工程中的重要作用。

6.1.1.1 可持续发展技术的核心理念

可持续发展技术包含四个层面的含义:实用性、可示范性、生态技术内涵和系统性。实用性要求技术具有高经济效益、低投入产出比和良好的市场潜力,同时应简便易学,易于推广。可示范性则强调技术的示范效果应显著,具有较大的推广价值。生态技术内涵包括资源循环利用、环境整治与保育、生态系统恢复和重建等方面,旨在挖掘本地资源潜力并实现生态工程接口技术的优化。系统性则要求技术是单项技术的集成,实现一、二、三产业的复合,软硬件的配套,以及技术、体制和能力的协调发展。

6.1.1.2 可持续发展技术的应用实例

(1)可持续设计。可持续设计是可持续发展技术在产品设计领域的典型应用。它强调在产品整个生命周期中优先考虑产品的环境属性,同时保证产品的基本性能、使用寿命和质量。例如,德国的北极熊仿生住宅通过运用可持续设计的节约原理,利用阳光获取能量,维持日常消耗,切断了与公用电网的连接,达到了节约能源和使用清洁能源的目的。

(2)绿色产品。绿色产品是指符合环保要求且对生态环境无害或危害极小的产品。在生产过程中,绿色产品应尽量采用清洁生产技术和工艺,减少或消除有害废弃物的排放。同时,在消费使用过程中,要确保消费者的安全和身心健康,尽量减少对环境的污染与破坏。例如,竹自行车和葫芦包装就是绿色产品的典型代表。竹自行车利用高强度、重量比优良的天然管材竹子制成,不仅来源广泛、可快速更新,而且具有环保、轻便等优点。葫芦包装则是一种可生物降解的环保包装材料,它可以在户外生长且无需加热成本,同时葫芦籽和叶子等部分也可以得到利用。

6.1.1.3 可持续发展技术在环境生态工程中的重要作用

环境生态工程是实现可持续发展的重要手段之一,而可持续发展技术则是环境生态工程的重要支撑。通过运用可持续发展技术,可以实现资源的合理利用、环境的保护和生态的恢复与重建。例如,在生态农业中,通过采用有机肥料替代化肥、生物防治替代化学农药等可持续发展技术,可以实现农业生产的绿色化、生态化和可持续化。在城市规划中,通过运用绿色建筑、绿色交通等可持续发展技术,可以实现城市的低碳化、宜居化和可持续化。

总之,可持续发展技术是实现可持续发展的重要手段之一,它强调在经济发展、社会进步和环境保护之间寻求平衡。通过运用可持续发展技术,可以实现资源的合理利用、环境的保护和生态的恢复与重建,推动经济社会的可持续发展。

6.1.2 清洁生产技术

清洁生产技术是环境生态工程领域中的一项关键技术,旨在实现社会、经济和自然环境的协调可持续发展。它的核心理念是通过提高工艺效率、优化产品设计和改善服务方式,减少资源消耗、能源浪费和环境污染,同时确保经济效益和社会效益的最大化。

6.1.2.1 清洁生产技术的概念及起源

清洁生产技术的概念源于对传统生产模式的反思。传统生产模式往往以高消耗、高排放、低效率为特征,给资源和环境带来了巨大压力。为了应对这一问题,国际社会开始探索一种更加环保、高效的生产方式,即清洁生产。清洁生产不仅关注生产过程中的环境保护,还强调产品的整个生命周期对环境的影响最小化。

随着全球环境问题的日益严峻,清洁生产逐渐受到广泛关注。联合国环境规划署(UNEP)和联合国工业发展组织(UNIDO)等国际组织积极推动清洁生产的理念和实践。它们通过制定相关指导原则、推广成功案例和提供技术支持等方式,促进了清洁生产技术在全球范围内的普及和应用。

6.1.2.2 清洁生产技术的应用领域

(1) 工艺改进。清洁生产技术在工艺方面的应用主要体现在减少有毒有害原料的使用、提高资源利用效率、降低废物产生量和毒性等方面。例如,通过改进工艺流程和操作条件,实现原料的最大化利用和废物的最小化排放;采用高效节能设备和技术,提高能源利用效率;加强工艺过程中的监控和管理,确保生产过程的稳定性和安全性。

(2) 产品优化。在产品方面,清洁生产技术致力于开发环保、高效、安全的产品。这包括选择环保材料、优化产品设计以降低资源消耗和环境污染、提高产品的使用寿命和可回收性等。例如,在电子产品中,使用低毒性物质代替重金属等有害物质;在包装材料中,推广可降解材料以减少塑料垃圾的产生。

(3) 服务创新。在服务领域,清洁生产技术强调提供环保、高效的服务方式。这包括减少服务过程中对环境的影响、提高服务效率和质量等。例如,在交通运输领域,推广绿色出行方式以减少汽车尾气排放;在餐饮行业,提倡减少食物浪费和一次性餐具的使用。

6.1.2.3 实施清洁生产技术的途径

实施清洁生产技术的途径多种多样,包括改进管理和操作、采用先进的工艺技术和设备、优化产品设计、选择环保原料以及组织内部物料循环等。这些途径可以单独或组合使用,以实现生产过程的优化和污染预防。同时,还需要加强员工的环保意识和培训,确保清洁生产技术的有效实施。

6.1.2.4 清洁生产审计与实施方案

清洁生产审计是实施清洁生产技术的关键环节。通过对企业生产过程进行全面分析和评估,确定污染预防和削减污染物产生量的机会。在此基础上,制定具体的清洁生产实施方案,包括改进工艺流程、优化产品设计、选择环保原料等。同时,还需要对实施方案进行可行性分析,确保其在技术、环境和经济上的可行性。

6.2 产品生命周期评价

产品生命周期评价(life cycle assessment,LCA)是一种评估产品在其整个生命周期中对环境造成的影响的方法。它涵盖了产品从原材料提取、加工、制造、运输、使用、维护到最终废弃或回收再利用的全过程。在环境生态工程中,LCA是一种重要的工具,有助于识别和改进产品在生命周期中的环境热点问题,推动清洁生产和可持续发展。

6.2.1 产品生命周期评价的概念与意义

产品生命周期评价是一种系统性的方法,旨在量化评估产品在其整个生命周期内对环境造成的直接或间接影响。这种评价不仅关注产品在使用阶段的环境表现,还重视其在生产、运输、废弃等阶段的环境影响。通过这种方式,LCA能够帮助企业和研究者全面了解产品的环境影响,从而为改进产品设计、优化生产工艺、提高资源利用效率提供科学依据。

在环境生态工程中,LCA的意义在于它能够促进企业实现清洁生产,降低资源消耗和减少污染物排放。通过对产品生命周期的全面分析,企业可以识别出环境影响的关键环节,进而采取针对性的改进措施。这不仅有助于提升企业的环境绩效,还能增强企业的市场竞争力。

6.2.2 产品生命周期评价的方法与步骤

产品生命周期评价通常包括四个主要步骤:目标与范围定义、清单分析、影响评价和结果解释。

(1)目标与范围定义。明确评价的目的和对象,界定产品生命周期的边界,确定评价的系统范围和评价的重点。这一阶段是LCA的基础,对于确保评价的准确性和有效性至关重要。

(2)清单分析。收集与产品生命周期相关的输入输出数据,编制一份详细的环境影响清单。清单中应包括原材料使用、能源消耗、废水排放、废气排放、固体废弃物产生等各项指标。这一阶段需要充分利用现有的数据和文献资料,确保数据的准确性和可靠性。

(3)影响评价。将清单中的环境影响数据转化为具体的环境影响指标,评估产品生命周期中对环境造成的潜在影响。这一阶段需要采用合适的环境影响评价方法和技术,如环境影响因子法、生态足迹法等,确保评价结果的客观性和可比性。

(4)结果解释。根据影响评价的结果,提出针对性的改进措施和建议,为产品的生态设计和清洁生产提供科学依据。这一阶段需要充分考虑技术的可行性和经济的合理性,确保改进措施的实施性和可操作性。

6.2.3　产品生命周期评价在环境生态工程中的应用

在环境生态工程中,产品生命周期评价被广泛应用于各个领域。例如,在农业生态系统中,通过对农产品进行 LCA 分析,可以评估不同农业生产方式对环境的影响,为农业生态化转型提供科学依据。在工业领域,LCA 可以帮助企业识别和改进生产过程中的环境热点问题,推动清洁生产和工业生态学的发展。在城市规划和建设中,LCA 可以应用于评估不同建设方案的环境影响,为绿色城市的构建提供有力支持。

此外,产品生命周期评价还可以与其他环境管理工具相结合,如环境管理体系(EMS)、环境标志认证等,共同推动企业的环境绩效提升和可持续发展。例如,通过将 LCA 结果纳入环境管理体系中,企业可以更加系统地管理其环境事务,确保环境目标的实现。同时,通过获得环境标志认证,企业可以展示其产品的环境友好性,提升市场竞争力。

6.2.4　产品生命周期评价的挑战与展望

尽管产品生命周期评价在环境生态工程中具有广泛的应用前景,但在实际操作中也面临着一些挑战。首先,数据收集和处理是 LCA 中的一大难点,特别是对于一些复杂的产品系统而言,数据的获取和准确性往往难以保证。其次,LCA 方法的选择和评价标准的制定也是一大挑战,不同的方法和标准可能导致评价结果的差异性和不确定性。此外,LCA 的实施成本和时间投入也是制约其应用的关键因素之一。

展望未来,随着技术的不断进步和数据的日益丰富,产品生命周期评价将在环境生态工程中发挥更加重要的作用。一方面,新技术和新方法的应用将有助于提高 LCA 的准确性和效率性;另一方面,大数据和人工智能等技术的融合将为 LCA 提供更加广阔的应用空间和发展前景。同时,随着全球环境问题的日益严峻和可持续发展理念的深入人心,产品生命周期评价将成为推动企业实现绿色转型和可持续发展的重要工具之一。

综上所述,产品生命周期评价是一种重要的环境管理工具,在环境生态工程中具有广泛的应用前景。通过全面评估产品在其生命周期中对环境造成的影响,LCA 有助于企业识别和改进环境热点问题,推动清洁生产和可持续发展。尽管在实际操作中面临着一些挑战,但随着技术的不断进步和数据的日益丰富,LCA 将在未来发挥更加重要的作用,为构建绿色、低碳、循环的可持续发展社会提供有力支持。

思考题

1. 请阐述你对可持续发展技术的理解,并举例说明在日常生活或工业生产中如何应用这些技术来促进环境的可持续发展。

2. 清洁生产在现代工业中有何重要性?请从环境保护、资源利用和经济效益三个方面进行分析。

3. 简述产品生命周期评价(LCA)的主要目的。在进行 LCA 时,为什么需要考虑产品的整个生命周期,而不仅仅是生产阶段?

4. 如何理解产品生命周期评价(LCA)与清洁生产之间的关系?它们在实践中如何相互促进?

5. 案例分析:选择一个你熟悉的产品(如手机、汽车或包装材料),尝试分析其生命周期内可能对环境造成的影响。针对这些影响,提出可能的改进措施或建议。

6. 随着技术的不断进步和环保意识的增强,你认为未来可持续发展技术、清洁生产和产品生命周期评价将如何发展?它们将面临哪些挑战和机遇?

参考文献

[1] ASSESSMENT M E. Ecosystems and human well-being:biodiversity synthesis[R]. Washington DC:Island Press,2005.

[2] HULME,M. Review essay of O'Lear's Environmental Politics:Scale and Power[J]. Dialogues in Human Geography,2012,2(3):350-352. DOI:10.1177/2043820612461605.

[3] BEGON M,TOWNSEND C R,HARPER J L. Ecology:From Individuals to Ecosystems[J].4th Edition,Blackwell Publishing Ltd,Malden,2006.

[4] 郭宗亮,刘亚楠,张璐,等.生态系统服务研究进展与展望[J].环境工程技术学报,2022,12(3):928-936.

[5] 张志强,徐中民,王建,等.黑河流域生态系统服务的价值[J].冰川冻土,2001,23(4):360-366+466.

[6] 谢高地,鲁春霞,成升魁.全球生态系统服务价值评估研究进展[J].资源科学,2001,23(6):5-9.

[7] DAILY G. Nature's services:Societal dependence on natural ecosystems[J]. The Bryologist,1998,101:475.

[8] COSTANZA R,D'ARGE R,DE GROOT R,et al. The value of the world's ecosystem services and natural capital[J]. Nature,1997,387:253-260.

[9] 成金华,刘江宜.生态系统服务价值评估研究进展[C]//中国生态经济学学会."科学发展观与生态经济研究"——中国生态经济学学会2004年学术年会论文集.黑龙江人民出版社,2004:7.

[10] 周文昌,史玉虎,潘磊.长江中游平原洪湖湿地水体污染现状及治理对策[J].湿地科学与管理,2019,15(1):31-35.

[11] 刘志杰.黄河三角洲滨海湿地环境区域分异及演化研究[D].青岛:中国海洋大学,2013.

[12] 胡文秋.基于RS和GIS的退化湿地生态系统恢复力研究——以黄河三角洲湿地为例[D].济南:山东师范大学,2013.

[13] 黄子璐.湖滨湿地生态系统管理与恢复工程成效评价[D].南京:南京林业大学,2011.

[14] 王永强,李梅,朱明璇,等.人工湿地污水处理技术研究进展[J].工业用水与废水,2018,49(5):7-12.

[15] 李峰平,魏红阳,马喆,等.人工湿地植物的选择及植物净化污水作用研究进展[J].湿地科学,2017,15(6):849-854.

[16] 程宪伟,梁银秀,祝惠,等.人工湿地处理水体中抗生素的研究进展[J].湿地科学,2017,15(1):125-131.

[17] 冀泽华,冯冲凌,吴晓芙,等.人工湿地污水处理系统填料及其净化机理研究进展[J].生态学杂志,2016,35(8):2234-2243.

[18] 杜娟娟,李荣峰,李扬,等.人工湿地污水处理技术研究进展[J].山西水利科技,2015(2):59-62.

[19] 贾春宁.城市生态系统的可持续发展研究及其在天津市的应用[D].天津:天津大学,2004.

[20] 刘力.可持续发展与城市生态系统物质循环理论研究[D].长春:东北师范大学,2002.

[21] 王如松,欧阳志云.社会-经济-自然复合生态系统与可持续发展[J].中国科学院院刊,2012,27(3):337-345+403-404+254.

[22] 伍海兵,欧阳三姓,薛苗苗,等.郑州市国际旅游度假区绿地土壤质量特征研究[J].园林,2021,38(12):18-23.

[23] 赵银兵,蔡婷婷,孙然好,等.海绵城市研究进展综述:从水文过程到生态恢复[J].生态学报,2019,39(13):4638-4646.

[24] 达良俊,宋坤.快速城市化下的生态环境危机与城市的自然回归[J].科学,2023,75(6):1-5+69.

[25] 任南琪,王旭.城市水系统发展历程分析与趋势展望[J].中国水利,

2023(7):1-5.

[26] 达良俊.生态学视角下的城市更新——基于本土生物多样性恢复的近自然型都市生命地标构建[J].世界科学,2021(12):30-31.

[27] 翟一杰,张天祚,申晓旭,等.生命周期评价方法研究进展[J].资源科学,2021,43(3):446-455.

[28] 钱易.努力实现生态优先、绿色发展[J].环境科学研究,2020,33(5):1069-1074.

[29] 任南琪.海绵城市建设理念与对策[J].城乡建设,2018(7):6-11.

[30] 康宏志,郭祺忠,练继建,等.海绵城市建设全生命周期效果模拟模型研究进展[J].水力发电学报,2017,36(11):82-93.

[31] 达良俊,郭雪艳.生态宜居与城市近自然森林——基于生态哲学思想的城市生命地标建构[J].中国城市林业,2017,15(4):1-5.

[32] 达良俊.生态学的发展[J].绿色中国,2017(13):46-49.

[33] 王如松,李锋,韩宝龙,等.城市复合生态及生态空间管理[J].生态学报,2014,34(1):1-11.

[34] 李锋,王如松,赵丹.基于生态系统服务的城市生态基础设施:现状、问题与展望[J].生态学报,2014,34(1):190-200.

[35] 聂祚仁,高峰,陈文娟,等.材料生命周期的评价研究[J].材料导报,2009,23(13):1-6.

[36] 马世骏.20世纪生态科学的过去、现在与未来[J].城市与区域规划研究,2009(1):145-150.

[37] 钱易.发展循环经济是全面实现小康社会的必由之路[J].河北科技大学学报,2005,26(1):4-9.

[38] 钱易.清洁生产与可持续发展[J].节能与环保,2002(7):10-13.

[39] 石磊,钱易.清洁生产的回顾与展望——世界及中国推行清洁生产的进程[J].中国人口·资源与环境,2002,12(2):121-124.

[40] 段宁.清洁生产、生态工业和循环经济[J].环境科学研究,2001,14(6):1-4+8.

[41] 杨建新,王如松.生命周期评价的回顾与展望[J].环境科学进展,1998

(2):21-28.

[42] 岳天祥,马世骏.生态系统稳定性研究[J].生态学报,1991,(04):361-366.

[43] 马世骏.中国生态环境问题分析及治理策略——以区域生态工程为主体的生态建设[J].管理世界,1990(3):166-170.

[44] 王如松,马世骏.边缘效应及其在经济生态学中的应用[J].生态学杂志,1985,4(2):38-42.

[45] 马世骏,王如松.社会-经济-自然复合生态系统[J].生态学报,1984,4(1):1-9.

[46] 马世骏.生态工程——生态系统原理的应用[J].生态学杂志,1983,2(4):20-22.

[47] 马世骏.生态规律在环境管理中的作用——略论现代环境管理的发展趋势[J].环境科学学报,1981,1(1):95-100.

[48] 盛连喜,许嘉巍,刘惠清.实用生态工程学[M].北京:高等教育出版社,2005.

[49] 段晓男,王效科,逯非,等.中国湿地生态系统固碳现状和潜力[J].生态学报,2008,28(2):463-469.

[50] 杨永兴.国际湿地科学研究进展和中国湿地科学研究优先领域与展望[J].地球科学进展,2002,17(4):508-514.

[51] 夏汉平.人工湿地处理污水的机理与效率[J].生态学杂志,2002,21(4):52-59.

[52] 籍国东,孙铁珩,李顺.人工湿地及其在工业废水处理中的应用[J].应用生态学报,2002,13(2):224-228.

[53] 傅国斌,李克让.全球变暖与湿地生态系统的研究进展[J].地理研究,2001,20(1):120-128.

[54] 刘厚田.湿地的定义和类型划分[J].生态学杂志,1995,14(4):73-77.

[55] 卢少勇,金相灿,余刚.人工湿地的氮去除机理[J].生态学报,2006,26(8):2670-2677.

[56] 于少鹏,王海霞,万忠娟,等.人工湿地污水处理技术及其在我国发展的

现状与前景[J].地理科学进展,2004,23(1):22-29.

[57] 唐小平,黄桂林.中国湿地分类系统的研究[J].林业科学研究,2003,16(5):531-539.

[58] 成水平,吴振斌,况琪军.人工湿地植物研究[J].湖泊科学,2002,14(2):179-184.

[59] 杨永兴.国际湿地科学研究的主要特点、进展与展望[J].地理科学进展,2002,21(2):111-120.

[60] 白晓慧,王宝贞,余敏,等.人工湿地污水处理技术及其发展应用[J].哈尔滨建筑大学学报,1999(6):88-92.

[61] 吴晓磊.人工湿地废水处理机理[J].环境科学,1995,16(3):83-86.

[62] 任海,彭少麟.恢复生态学导论[M].北京:科学出版社,2001.

[63] 鲁敏,张月华,胡彦成,等.城市生态学与城市生态环境研究进展[J].沈阳农业大学学报,2002,33(1):76-81.

[64] 阎水玉.城市生态学学科定义、研究内容、研究方法的分析与探索[J].生态科学,2001,20(S1):96-105.

[65] 中华人民共和国环境保护部.人工湿地污水处理工程技术规范:HJ 2005—2010[S].北京:中国环境科学出版社,2011.

[66] 住房和城乡建设部标准定额研究所.RISNTG0062009 人工湿地污水处理技术导则[M].中国建筑工业出版社,2009.

[67] BACHAND P A M,HORNE A J. Denitrification in constructed free-water surface wetlands:II. Effects of vegetation and temperature[J]. Ecological Engineering,1999,14(1/2):17-32.

[68] 侯耀钧,陈启斌,王朝旭,等.基于CiteSpace的国内外人工湿地研究动态与未来展望[J].环境工程技术学报,2023,13(4):1275-1286.

[69] YUK F,ZHAO J X,LIU T S,et al. High-frequency winter cooling and reef coral mortality during the Holocene climatic optimum[J]. Earth and Planetary Science Letters,2004,224:143-155.

[70] LAW,EUGENE P., ARNOW, ELI, DIEMONT, STEWART A. W.. Ecosystem services from old-fields:Effects of site preparation and harvesting on

restoration and productivity of traditional food plants[J]. Ecological engineering:The Journal of Ecotechnology,2020,158105999-1-105999-11. DOI:10.1016/j.ecoleng.2020.105999.

[71] REY BENAYAS J M,BULLOCK J M. Restoration of biodiversity and ecosystem services on agricultural land[J]. Ecosystems,2012,15(6):883-899.

[72] XIA XIAOTANG. The principle and method of urban ecological restoration planning[C].//5th International conference on civil engineering and transportation:ICCET 2015,Guangzhou,China,28-29 November 2015,Part 1 of 3. :Atlantis Press,2015:300-304.

[73] WANGY Z,HONG W,WU C Z,et al. Application of landscape ecology to the research on wetlands[J]. Journal of Forestry Research,2008,19(2):164-170.

[74] HAYDARS,ANIS M,AFAQ M. Performance evaluation of hybrid constructed wetlands for the treatment of municipal wastewater in developing countries[J]. Chinese Journal of Chemical Engineering,2020,28(6):1717-1724.

[75] CHEN H J. Surface-flow constructed treatment wetlands for pollutant removal:Applications and perspectives[J]. Wetlands,2011,31(4):805-814.

[76] CHENL X,ZHU W Q,ZHOU X J,et al. Characteristics of the heat island effect in Shanghai and its possible mechanism[J]. Advances in Atmospheric Sciences,2003,20(6):991-1001.

[77] CHEN YAN, XIE MIAOMIAO, CHEN BIN, et al. Surface Regional Heat (Cool)Island Effect and Its Diurnal Differences in Arid and Semiarid Resource-based Urban Agglomerations[J]. 中国地理科学(英文版),2023,33(1):131-143.